室内立休养菌

在温室里接种
黑木耳栽培袋

技术人员讲解培养
基碳氮配比方法

白色塑料袋地摆
栽培黑木耳

黑木耳地摆栽培
出耳阶段

黑色塑料袋地摆黑木耳

黑色塑料袋和白色
塑料袋地摆黑木耳
耳基形成期对比

耳目接菌后养菌期

耳木的耳基形成阶段

黑木耳刚采摘的子实体

黑木耳
高产栽培技术

姜坤　王雅珍　编著

金盾出版社

内 容 提 要

本书作者根据多年对黑木耳栽培的实践与研究,详细介绍了行之有效的黑木耳高产栽培技术。内容包括:概述,黑木耳的生物学特征,黑木耳的生产设备,黑木耳二级菌种制作技术,塑料袋地摆黑木耳栽培技术,温室立体黑木耳栽培技术,段木黑木耳栽培技术,黑木耳主要病虫害及防治。本书语言通俗,具有较强的实用性、先进性和可操作性,适合广大菇农和基层农业技术推广人员参考阅读。

图书在版编目(CIP)数据

黑木耳高产栽培技术/姜坤,王雅珍编著·—北京 :金盾出版社,2012.8(2017.1重印)
ISBN 978-7-5082-7563-5

Ⅰ.①黑… Ⅱ.①姜…②王… Ⅲ.①木耳—高产栽培 Ⅳ.①S646.6

中国版本图书馆 CIP 数据核字(2012)第 083516 号

金盾出版社出版、总发行
北京太平路 5 号(地铁万寿路站往南)
邮政编码:100036 电话:68214039 83219215
传真:68276683 网址:www. jdcbs. cn
封面印刷:北京军迪印刷有限责任公司
彩页正文印刷:北京天宇星印刷厂
装订:北京天宇星印刷厂
各地新华书店经销
开本:850×1168 1/32 印张:3.875 彩页:4 字数:76 千字
2017 年 1 月第 1 版第 3 次印刷
印数:12 001~15 000 册 定价:9.00 元

目　录

第一章　概　述

一、黑木耳的分布与人工栽培特点

黑木耳,又称木耳,别名木耳、光木耳。在分类学上属担子菌纲,木耳目,木耳科,木耳属。主要分布在东北,湖北,浙江,云南等地。黑木耳主要生长于栎、杨、榕、槐等120多种阔叶树的腐木上,单生或群生。目前人工栽培主要有塑料袋代料栽培和段木栽培两种形式。

黑木耳味道好,营养价值高,为目前大量栽培的品种,是我国主要食用菌之一,产量与质量居世界首位,是我国传统的出口商品,在国际市场上信誉很高,世界年需要量1 000吨以上,我国约占一半。黑木耳具较高的食疗价值,有滋补强身、补血活血之功,是矿山工人和纺织工人的保健食品,人们不仅可以通过栽培黑木耳,综合利用各种废料,变废为宝,增加经济效益,而且还可以通过深加工,制成系列产品,进一步提高经济价值。

生产黑木耳的培养料,除传统生产方法主要利用木材进行段木栽培外,现在推广的栽培方法一般都是利用工农业生产的下脚料,如玉米芯、豆秆、稻麦草、稻壳、各种锯屑、豆制品厂废水、酿酒、废纸等含有纤维素、半纤维素的下脚料作食用菌的培养料。黑木耳生产具有方法简单,成本低,产量高,收效快的特点,城乡均可利用各种有利条件进行生产,既适于工厂化生产,也适于一家一户小型栽培。以农村 667 米^2 地为例,能栽培黑木耳 12 000 袋,产干耳 500～600 千克。一个 400 米^2 的温室或大棚立体吊袋黑木耳 40 000 袋,产干耳 1 750～2 000 千克,经济效益十分可观。

二、黑木耳的经济价值和发展现状

(一)黑木耳的经济价值

黑木耳生产在大农业中的地位越来越重要。特别是进入 20 世纪后,人口恶性膨胀,带来了粮食、能源危机,这就唤醒人们对废物利用的重视,大规模地利用各种廉价的基质和废物来生产黑木耳,通过生物的作用,将粗纤维转化为人类可以食用的优质蛋白。菇类蛋白质的氨基酸组成比谷物更加全面,赖氨酸含量更高。据联合国粮农组织的专家调查,仅仅因为谷物中赖氨酸含量不足,使蛋白质的合成失去平衡,在亚洲地区,每年造成的营养损失就相当于 231 万吨蛋白质,使 4.5 亿人身患营养不良症,7 500 万儿童发育滞缓或不满 10 岁而夭亡。所以发展菌类生产,也是大农业生产的一个重要生态结构,应放在重要位置上。从经济效益上来看,每 667 米^2 黑木耳的年产值平均可以达到 20 000～30 000 元,纯收入可达 10 000～15 000 元。如果栽培地栽黑木耳每 667 米^2 可产干黑木耳 300 千克,直接成本为 12 600 元(按 2010 年价格计算),每 667 米^2 效益为 26 852 元,纯收入为 14 225 元,是种植玉米、大豆效益的 10 倍甚至 20 倍,效益非常可观。

（二）黑木耳的发展现状

近年来，我国的黑木耳产业发展迅猛，黑木耳现在得到了广大消费者的喜爱，我国黑木耳产业近年来的发展确实非常可喜。从"十一五"的发展情况来看，主要分布于黑龙江、吉林、福建。市场调研报告显示，牡丹江地区 2011 年黑木耳产量为 91.8 万吨，实现产值 33 亿元，目前黑龙江省已成为全国最大的黑木耳产销集散地。江苏雨润集团投资 5 亿元的黑木耳深加工产业集群项目今年也已在绥阳开工建设，为黑木耳产业的发展开辟了更加广阔的市场，更快速地提高了黑木耳产量。

黑龙江省 2010 年黑木耳生产栽培总量超过 21 亿袋（块）。为实现黑木耳产业又好又快发展，地方企业合作共建，将联手整合黑木耳产业生产栽培过程中的原料资源、技术资源、人力资源等，优势互补，优化结构，靠规模壮大产业，用科技支撑产业，以标准化提升产业。大力推广黑木耳小孔栽培技术、秋木耳栽培技术、菌包（袋）的工厂化生产，提高产品的科技含量和生产效率。

党中央、国务院对"三农"工作十分重视，强调要实现农业增效、农民增收、农村繁荣，而发展食用菌产业，可以对此起到一定的积极作用。现在全国有很多地方都开始发展食用菌产业，早些年南方地区食用菌产业比较发达，现在北方地区发展也十分迅猛。陆解人说，现在食用菌生产基本格局已经"南菇北移"，过去在南方可以生产的现在在北方也同样可以生产。目前也有人提出了"东菇西移"这么一个大的发展战略，这就使一些西部相对欠发达地区的农民也能通过种植栽培食用菌得到实惠。从目前的生产格局来说,也逐步形成了基地产业化模式,食用菌产业由原本的补充农村经济的形式,逐步发展成为一个地区、一个区域,或者说县域经济当中的主要支柱产业。我国现在的食用菌产业,各个生产环节配套设施齐全,产业链条较为完整。从种植、生产、销售、营销还有循环资源再利用等方面,可以说我国的食用菌产业已经处在了一个快速发展的阶段。食用菌产业的发展还是很有前景的。

从食用菌本身来说,它具有丰富的营养价值,富含氨基酸、维生素、矿物质、多糖等多种对人体健康有益的物质。从具体政策支持来讲,应该说这些年是一个从无形到有形,从小力度到大力度的过程。财政部在"十一五"期间,专门拨给了中国食用菌协会 1 500 万元的资金,主要用于带动食用菌产业发展,以服务新农村建设。另外,科技部在"十一五"期间,专门把食用菌的产业化问题,列入了科技部的重点项目,给予了 3 400 多万元的科学研究经费。此外,农业部在"十一五"期间也投入了几千万元资金,专门用于食用菌产品的科学研究、科技创新。

三、黑木耳的生产前景

随着改革开放的深入进行,人民生活水平的逐步提高和我国综合国力的增强,以及国门的进一步开放,人们追求"绿色消费,返朴归真,回归自然"的消费时尚,黑木耳等食用菌产品会越来越受欢迎。

北方的工农业下脚料都是栽培黑木耳的好原料,同时栽培完黑木耳的下脚料是高蛋白有机质,既可做养殖业的好饲料,又可做肥田的有机肥料,合理利用,良性循环,是生态农业的最好体现。

发展黑木耳生产,不仅有助于解决城乡剩余劳动力,还能充分利用工农业废弃物,利用房前、屋后、闲田、废地生产出无污染、高营养、高蛋白的保健菌物食品,对提高城乡人民的收入,改变农村种植结构,改变人们的营养结构,净化城乡环境,增加出口创汇,都有着十分重要的意义。鸡西市梨树区从事多年食用菌生产,食用菌收入占全区农村总收入的30%以上,每年仅食用菌总产值近5千万元以上。食用菌产业的振兴带动了百业的兴旺,全区有食用菌专业批发市场,食用菌的生产、加、产、供、销全方位结合,使食用菌形成了专业化、产业化、系列化、集团化,充分显示了东北地区一个新型产业的优势,发展前景十分广阔。

第二章 黑木耳的生物学特征

一、形态特征

黑木耳由菌丝体和子实体两部分组成。菌丝体无色透明,是由许多横隔膜和分枝的管状菌丝组成,它是黑木耳分解和吸取养分的营养器官。子实体是食用部分,它是黑木耳的繁殖器官。子实体初生时为杯状或豆粒状,逐渐长大后变成波浪式的叶片状或耳状。许多耳片聚集在一起呈菊花状。新鲜的子实体半透明,胶质,富有弹性,直径一般为 4～6 厘米,大者可达 10～12 厘米,干燥后急剧收缩成角质,且硬而脆。子实体有背、腹面之分,背面(贴耳木的一面)凸起,呈暗青灰色,密生许多柔软短绒毛(这种毛的特性在木耳分类上非常重要),这种毛不产生担孢子。腹面下凹,表面平滑或有脉络状皱纹,呈深褐色或茶色,成熟时表面密生排列整齐的担孢子。在显微镜下观察,担孢子呈肾形,大小为 9～14 微米×5～6 微米,无色透明,许多担孢子聚集在一起呈白粉状。子实体干燥后,体积强烈收缩,担孢子像一层白霜黏附在它的腹面。当干燥的黑木耳吸水膨胀后,即会恢复其原来新鲜时的舒展状态。

二、生 活 史

黑木耳是一种大型真菌,由菌丝体和子实体组成。菌丝体无色透明,由许多具有横隔和分枝的管状菌丝组成;子实体薄而呈波浪形,形如人耳,生于树木上,是人们食用的部分。子实体初生时为杯状,后渐变为叶状或耳状,半透明,胶质有弹性,干燥后缩成角质,硬而脆。耳片分背、腹两面,朝上的叫腹面,也叫孕面,生有子实层,能产生孢子,表面平滑或有脉络状皱纹,呈浅褐色半透明状。贴近木头的为背面,也叫不孕面,凸起,青褐色,密生短绒毛。子体单生或聚生,直径一般2～8厘米。木耳成熟时,能弹射出成千上万的担孢子,担孢子在适宜条件下萌发,或生成菌丝,或形成分生孢子。由分生孢子再生成菌丝。最初生出的菌丝是多核,然后形成横隔把菌丝分成为单核细胞,发育成单核菌丝,经过性结合形成双核菌丝,在此期间,菌丝不断生长发育,并生出大量分枝向基质蔓延,吸收营养和水分,在一定条件下,就形成子实体原基,最后发育成子实体。子实体成熟后,又产生大量的担孢子。这就是黑木耳的生活史。

三、黑木耳对生活条件的要求

黑木耳属于腐生性真菌,自己不能合成有机物,完全依赖基质中的营养物质来维持生活。它虽然是一种木腐菌,但是对垂死的树木有一定的弱寄生能力。掌握其腐生并略具弱寄生能力的习性,对人工接种前的备料工作具有重要意义。黑木耳对养分的要求以碳水化合物和含氮物质为主,它还需要少量的无机盐类。这些营养成分均可以从树木中获得。因此,树木是黑木耳生长的物质基础。不同的树种和不同的地理气候条件,对黑木耳的种性有一定的影响,黑木耳在生长发育过程中,所需要的生活条件主要是营养、温度、水分、光照、空气和酸碱度。

(一)营 养

1.碳源(主料)

黑木耳的营养以碳水化合物和氮物质为主,木质素、纤维素、半纤维素、糖等为主要碳源(主料),生产中可用的主要原材料有锯末、秸秆、玉米芯等。黑木耳是一种好气性真菌,菌丝体的新陈代谢是吸收氧气,排出二氧化碳,为了保证氧气来源,在菌丝体生长过程中应及时补充新鲜空气,新鲜空气的进入及二氧化碳的排除是靠培养基颗粒空间进行的,所以为了保证正常的气体交换,锯末应稍粗一些,颗粒状为好,但也不能过粗,锯末过粗,即颗粒过大,造成水分下沉,使培养基水分不均匀,影响菌丝的萌发和生长,如果锯末过细,料实无缝隙不透空气,不利于菌丝的生长。锯末可加入10%以下的稻壳或玉米芯,来改善培养基的物理通透性。

正常情况下,锯末的颗粒直径应在1~2毫米之间,而且粗细应相互搭配使用,保证含水量上下均匀,满足菌丝生长时对氧气的需要及时排除有害气体,促进菌丝正常生长。

2.氮源(辅料)

氨基酸、蛋白质等为主要氮源,生产中配料用的豆饼粉、麦麸、稻糠等是提供氮元素的主要原材料。氮源过剩菌丝生长快,不利于子实体生长。

3.无机盐

(1)石膏　化学名称叫二水硫酸钙($CaSO_4 \cdot 2H_2O$)。石膏中含 CaO 32.5%、SO_3 46.6%、H_2O 20.9%,还含有黏土、砂粒、有机物、钛、铜、铁、铝、硅、锰、银、镁、钠以及铅、锌、钴、铬、镍等微量元素。

(2)石灰　生石灰的俗称,主要成分是氧化钙(CaO),含钙 29.4%。在黑木耳生产中也是决定培养基 pH 的主要因素之一,为黑木耳提供钙素,是控制杂菌的杀菌剂,并能把培养料中不易被吸收的营养转化为可被吸收的营养。木耳在树木上生长时,由于本身能不断分泌出多种酶,分解基质中的物质加以吸收利用,此外,还需要一些矿物质,如钾、镁、磷、钙、铁等和一些生长类物质。木耳在树木上生长时,由于本身能不断分泌出多种酶,分解基质中的物质,加以吸收利用,因此,上述营养均可从树木中获得。代料栽培时,一般采用添加蔗糖等补充碳源之不足,在木屑代料中添加米糠、麸皮增加一些氮源和维生素。

(二)温　度

黑木耳属中温型菌类,对温度适应范围较广。菌丝可在 4℃~30℃的范围内生长,以 18℃~23℃为最适宜,所生长的木耳片大、肉厚、质量好;低于 10℃,生长缓慢;高于 30℃,易衰老乃至死亡。在 14℃~28℃的条件下都能形成子实体,但以 18℃~23℃最适宜;低于 14℃子实体不易形成或生长受到抑制;高于 33℃,停止发育或自融分解死亡。担孢子则在 22℃~33℃均能萌发。培养菌丝需要温度高一点,子实体生长需要温度低一点。

（三）水　分

水分是黑木耳生长发育的重要因素之一。黑木耳菌丝体和子实体在生长发育中都需要大量的水分,但两者的需要量有所不同,在同样的适宜温度下,菌丝体在低湿情况下发展定植较快,子实体在高湿情况下发展迅速。黑木耳在不同的发育阶段,对水分的要求是不同的,菌丝生长发育时,段木含水量在50%～60%为宜,这有利于菌丝的定植和生长。子实体生长阶段,空气相对湿度应经常保持在80%左右,低于60%不易形成子实体。空气相对湿度过大,通气不好,抑制菌丝生长,引起子实体腐烂。代用料培养基的含水量为65%,这样有利于菌丝的生长。子实体的生长发育,虽然需要较高的水分,但要干湿结合,还要根据温度高低情况,适当给予喷雾,温度适宜时,栽培场空气相对湿度可达到85%～95%,这样子实体的生长发育比较迅速。温度较低时,不能过多的给予水分,否则会造成烂耳。

（四）光　照

黑木耳营腐生生活,光照对菌丝体本来没有多大关系,在光线微弱的阴暗环境中菌丝和子实体都能生长。但是,光线对黑木耳子实体原基的形成有促进作用,耳基在一定的直射阳光下才能展出苗壮的耳片。根据经验证明有一定的散射光时,所长出的木耳既厚硕又黝黑,而明暗无散射光的,长出的木耳肉薄、色淡、缺乏弹性,有不健壮之感。黑木耳虽然对散射光的忍受能力较强,但必须给予适当的空气湿度,不然会使耳片萎缩、干燥,停止生长,影响产量。因此,在生产管理中,最好给地摆场地,创造一种"散射光",促使子实体的迅速发育成长。在黑暗的情况下,菌丝可以形成了实体原基,但生长缓慢。当子实体有一定的散射光时,才能正常生长。

(五)氧 气

黑木耳是一种好气性真菌,在菌丝体和子实体的形成、生长、发育过程中,不断进行着呼吸活动,菌丝生长,需氧少,子实体生长需大量氧气。因此要经常保护地摆场地的空气流通,以保证黑木耳的生长发育对氧气的需要。二氧化碳浓度高,氧气不足都会抑制菌丝发育和子实体形成,栽培场所的空气清新流通,是防止烂耳和杂菌污染的必要条件。

(六)酸碱度(pH)

黑木耳属于腐生性中温型真菌。从生物学角度看,黑木耳喜欢偏酸的环境,生长基质的酸碱度,对菌丝生长有一定的影响,pH 以 5.5～6.5 最合适,pH 在 3 以下、8 以上均不能生长。但从实际生产中发现,pH 以 5.5～6.5 时杂菌率较高,在发菌后期菌丝体内的酸碱度逐步降低,生物学效率很低。如果把培养基 pH 设在偏碱性的条件下,杂菌率降低,在发菌后期,菌丝体内的酸碱度处于 5.5～7,这样生物学效率有较大幅度提高。

第三章 黑木耳的生产设备

一、制种场地

在制种的过程中,必须是流水作业,提高生产效率,必须有主要原料及附属原材料车间、装瓶或装袋等车间。

制种场地的环境要求:首先要地势较高、干燥、地面平坦、通风良好、排水便利,这样的场地有利于控制杂菌,并能有效避免涝灾和减少病虫害的污染。其次要远离一切产生虫源(禽畜场、垃圾站等)及化学污染物等(化工厂、印染厂、制革、皮毛厂等)的场所,这样在黑木耳的生产过程中尽量避免化学污染并减少杀虫剂的使用,确保产品优质、卫生。

二、拌料室及拌料机

(一)拌料室

在食用菌生产过程中,无论生产什么菌种,或生产多少菌种,必须有拌料室,地面必须是水泥地面,还应有一定的摊晒、闷堆、堆积的地方。

厂区拌料室设施选择与建造:要按照黑木耳的生长发育不同时期所需的条件要求,灵活建造,不拘一格,不必死搬硬套。

制种设施可分为制种室与养菌室两个工作室,即可以是正常建筑也可以是简易房,但是两个房间要相通,这样便于生产,简易房可以是露天封闭式与露天开放式两种,只要是对原料的堆放、闷堆、装瓶及装袋、灭菌等操作方便就可以。另外简易日光蔬菜棚、冬暖式日光温室等也都可以做拌料室。

厂区拌料室设施建造场所没有严格要求,因为拌料室对土质没有特殊要求,房前、屋后、农田地、林间地、荒地、盐碱地等均可。生产者可根据自己的实际情况、栽培季节及场地内的温湿度变化情况等,本着"经济、方便、有效"的原则,因地制宜,自主选择。同时要注意创造黑木耳菌丝生长发育的环境条件为原则。主要是温度、空气相对湿度和光线为基础,达到生产方便,力求生产流水作业不误工。

(二)拌 料 机

新型拌料机是国家专利,专利号为 ZL201120045766.3,采用自动搅拌、自动加水和自动测水仪,特别适合各种食用菌拌料使用。该拌料机设计合理,安全实用,使用方便,拌料均匀,拌料含水分准确。

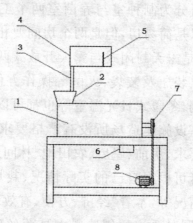

图 3-1　食用菌拌料机

1.拌料桶　2.入料漏斗

3.进水管　4.水箱　5.自动测水仪

6.下料口　7.传动轮　8.电动机

三、装袋室及装袋机

(一) 装 袋 室

地面必须是水泥地面。装袋室的温度过低,塑料袋受冻易发脆折裂造成破损和漏气,因此装袋室温度不应低于18℃。装袋前可将袋放在锅内或其他温度高的地方预热一下,千万不要将袋放在室外气温低的仓库里,生产时移到室内较短时间内使用,袋易脆裂,破损率高。

装袋场地和贮放工具的检查:要在光滑干净的水泥地面上或垫有橡胶制品、塑料布等物上进行装袋,贮放工具应是直接放入灭菌锅的灭菌筐,用细钢筋或木板条制作,规格应是长

44厘米、宽33厘米、高26厘米（内径），每筐（或箱）放12袋。

（二）装 袋 机

装袋机是国家发明专利，专利号为ZL201120049204.6，结构简单，设计合理，使用方便，工作时一次完成装袋打通氧孔工作，而且装袋松紧适度，装袋速度快，减少再次打通氧孔的工序和时间。可适用于各种食用菌的装袋生产。技术方案为：该食用菌装袋机包括入料口、螺旋出料口、打孔通氧探头、一对齿轮、三角带轮、电机，所述的装袋机螺旋出料口前部设有打孔通氧探头。

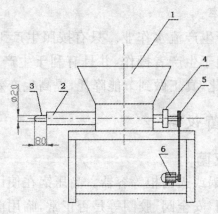

图 3-2 食用菌装袋机

1.入料口 2.螺旋出料口 3.打孔通氧探头
4.一对齿轮 5.三角带轮 6.电机

四、灭菌室与灭菌设备

灭菌是通过高温的方法杀死全部微生物，目前国内常用的方法分高压灭菌和常压灭菌两种。

（一）灭菌室

在黑木耳生产中灭菌室和接种室一定要互相连接，其原因有如下几个方面。

第一，从生产工艺流程方面要求灭菌后的菌种瓶（袋）温度降至25℃～30℃时必须接种，只有互相连接才能节省搬运降低成本。

第二，提高黑木耳生产的成功率。灭菌后的菌种瓶（袋）需要冷却和接种，如果二者不是互相连接，由于运输经过冷凉或者有杂菌污染的地方，会增加菌种瓶（袋）感染杂菌的几率，降低生产成功率。

第三，便于生产流水作业。只有按照生产工艺流程进行生产，才能有利于生产者操作，并且有利于生产智能化，实现复杂问题简单化，真正做到节能降耗，提高生产效率。

（二）灭菌设备

1. 高压灭菌

使用高压锅或灭菌柜等容器。高压锅在使用前应先检查压力表、放气阀、安全阀、胶圈等是否正常，临用前将锅内加足水，放上帘子，装完锅后，将锅盖盖严，所有的螺丝对角拧紧，当压力升至 0.5 千克/厘米^{2}时，慢慢打开放气阀，徐徐放气（禁忌放气太急使内外压力差距过大，而使锅内的袋破裂），当指针压力降至 0，关上放气阀，继续加热，待指针达到 1.2 千克/厘米^{2}压力时维持 1.5 小时，然后停火，待指针降至 0 后，打开放气阀，将锅盖掀开 1/3，让锅内余热将袋上棉塞烘干。

2. 常压灭菌

目前农村大部分使用的是常压锅，它成本低，取材方便，可大可小，常压锅可用砖、水泥砌成，也可用砖，水泥砌好锅台后，直接用大棚塑料做成方桶状，将装筐的袋摞在锅台上，将塑料桶套在筐上，上口窝回扎紧，下口用布圈装上锯末压实，这种常压锅既省钱，灭菌升温又快，易于推广。

常压灭菌锅的温度一般可达到100℃~108℃，灭菌时间以袋内温度达到100℃时，持续5小时左右，然后闷锅1~2小时，趁锅内温度在90℃左右，撤掉余火，锅壁还有余热时，将锅盖打开1/3，用锅内余热将棉塞烘干。

常压灭菌目前有些人认为时间越长越好，把时间延长至8~12小时，而实际上维持100℃5小时微生物就会全部死亡。灭菌时间过长一是失去了灭菌的意义，二是培养基中维生素等营养成分被分解破坏，三是提高了灭菌的成本。灭菌是以达到杀死培养基内活菌为目的，灭菌时间越长，培养基营养消耗越严重，抗杂菌性能也越差。

常压灭菌到时间后，不要长时间闷锅。目前有相当一部分地区在灭菌达到时间后，还要闷锅一宿，这样锅内大量水蒸气落到棉塞上（因锅盖盖着，潮气不能挥发），出锅时棉塞是湿的，这是袋栽或塑料袋制菌产生杂菌的一个重要原因，棉塞湿而不透气，影响菌丝生长，易吸尘，遇热干燥收缩，外界空气不经棉塞过滤直接进入袋内，造成杂菌感染。

五、接种室和接种设备

（一）接 种 室

接种室形式上是接种箱的扩大，一般以 4～6 米² 为宜，为防止开关门时空气直接进入接种室，接种室宜安装推拉门，设置缓冲间，室内装紫外线灯杀菌。接种前 30 分钟开亮紫外线灯，接种时关闭，用来苏儿或新洁尔灭液喷雾消毒后，在酒精灯工作台上接种。

（二）接种设备

1. 净化工作台

分单面和双面两种，用净化工作台接种解除了药物及蒸汽对接种人员的熏染，提高了接种效果，但净化工作台购置较贵，而且使用的地方必须有电，它通常采用封闭式结构，过滤室除菌，台面上的空气既无菌又凉快，便于干热接种。

2. 电炉

用 800～1 000 瓦的电炉，炉盘上罩上罩（可用市场上出售的小筛底代替），防止菌块掉到炉盘上，炉上面放上木架，放置二级菌种，通过炉盘干热，形成无菌区接种。

3. 接种机

近年来经多次反复试验，研制出食用菌接种机，它可用作食用菌接种，又可用作培养室净化，使用接种机接种，大大提高了接种效率，比接种箱接种提高工效 8 倍以上，一、二、三级菌种及组织分离都很适用，并且使接种人员免受化学药剂的危害,同时对食用菌菌丝也减少了药物的刺激,菌丝活力强,种性稳定。

　　用这种设备接的种,因菌丝不受化学药剂的杀伤和酒精灯火焰的熏杀,菌丝吃料早,定植快。

　　采用接种机接种,要求在密闭的接种室内,将接种机放在普通桌面上。室内喷新洁尔灭5％溶液降尘净化,然后打开接种机,在机前20～30厘米范围内接一、二、三级种。接种方法很多,原理是使接种过程中和接种时的环境处于无活菌状态,既要保证原灭菌的培养基不致感染,又要保证被接种的菌种成活,防止药物、温度等外因条件杀伤或杀死菌种。

4. 无菌台式酒精灯

　　国家专利无菌台式酒精灯（图3-3）,专利号为ZL201120034780.3,设计合理,安全实用,使用方便,无菌操作率达到99％以上。两个灯颈之间设有工作台特别适合食用菌接种。

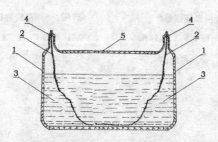

图3-3　无菌台式酒精灯

1.灯体　2.灯芯　3.酒精

4.灯颈　5.工作台

5. 食用菌接菌器

　　一种无菌接菌器,专利号为ZL201120037357.9,它包括绝缘手柄、电线孔、受热体、绝缘边、加热源空隙。在操作时是无菌状态,接菌温度在最佳温度之间,长菌快吃料早,结构简单,设计合理,使用方便,使用时接菌温度及无菌率十分合理,杂菌率为零,降低了生产成本。可适用于各种食用菌的接菌。

6.菌袋划口器

一种食用菌袋划口器,专利号为 ZL201120096704.5,结构简单,设计合理,使用方便,球口头内设有可调的划口刀。割眼速度快,长度和深度既合理又准确。

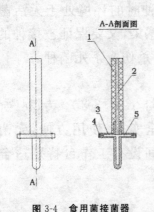

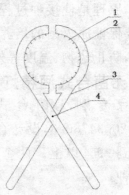

图 3-4　食用菌接菌器

1.绝缘手柄　2.电线孔　3.加热棒

4.橡胶圈　5.加热源空隙

图 3-5　菌袋划口器

1.划口刀　2.球口头

3.手柄　4.中心轴

六、养菌室及养菌设备

(一)养 菌 室

养菌室应具备增温、保温、保湿、通风的条件。原先室内有养菌架子的因陋就简还可继续使用架子。如没有搭架子以后尽量不要搭架子。搭架子一是成本高;二是袋与袋在架子上摆放要间隔 1 厘米左右,便于通风,防止捂垛超温、菌丝死亡。摆放取拿和检查菌种不方便;三是清理培养室和消毒不方便。养菌室在袋放入前应消毒处理,墙壁刷生石灰消毒,地面清理干净,室内挂干湿温度表,如果是后改造的养菌室,前后窗户用纸壳或厚布帘子遮上光线,新建的养菌室就不用留窗户了,使养菌室处于完全黑暗的条件下,以免光线射入抑制菌丝的生长或过早形成子实体。

室内挂干湿温度表,用以测定室内的温度和相对湿度。培养的前 7～10 天室内如不超温可不用通风,温度在 25℃～28℃,空气相对湿度在 45%～60%,不足往地面洒洁净的清水(如养菌期室内过于干燥,接入的菌种在袋内发干,不易萌发)。

(二)养菌设备

养菌是地栽黑木耳的基础工作,黑木耳生长主要有两个阶段:一是菌丝生长阶段。二是子实体生长阶段。养菌阶段就是菌丝生长阶段,只有菌丝生长得好,才能为子实体的生长打下基础。养菌室应具备增温、保温、保湿、通风等设备。

如果工厂化生产,可以用中央空调系统进行调控温度,特点是增温快,恒温温度控制准确等优点,选用空调系统都是按黑木耳生长所需的最大制冷量来选取择机型的,且留有 10%～15% 的余量,各配套系统按最大负载量配置,这种选择不是最合理的。在组成空调系统的各种设备中,水泵所消耗的电能约占整个空调系统的 1/4 左右。早期空调的水泵普遍采用定流量工作。而实际运行时,中央空调的冷负荷总是在不断变化的,冷负荷变化时所需的冷媒水、冷却水的流量也不同,冷负荷大时所需的冷媒水、冷却水的流量也大,反之亦然。同时具有加湿器十大技术优势,净化加湿技术优点:加湿无白粉、粗效过滤空气,一机两用,是最新一代的加湿器,斜喷式换能片噪声小。可以按预想的温度、湿度控制,同时也具备排风换气设施。

通风机是养菌的必须设备,用通风机通风,操作简单,通风快速均匀,养菌室无死角,使所有的养菌室各个角落空气新鲜,有足够的二氧化碳流通,菌丝生长均匀有活力。

如果是小规模生产可以在室内砌一个地火龙,需要温度时烧地火龙增温,地面要保持湿润。

第四章　黑木耳二级菌种制作技术

黑木耳二级菌种的制作,是黑木耳生产十分关键的环节。

一、原材料准备及质量要求

(一)木　屑

要求无杂质、无霉变、以阔叶硬杂树为主。最好是圆盘锯末,如果是带锯锯末过细,可适当添加玉米芯(粉碎)进行调整粗细度。如果是木屑 80% 加细锯末 20%,一定要区分开锯末和木屑,生产二级菌最好不用木屑。

(二)麦麸、稻糠、豆饼粉

麦麸、稻糠、豆饼粉要求新鲜无霉变,麦麸以大片的为好。一定要注意麦麸含氮量 3.33%;稻糠含氮量 2.21%。

(三)石膏、红糖

所用的石膏选择建筑用石膏即可,可以到建材商店购买,所购买的石膏粉颜色通常为白色,结晶体无色透明,当成分不纯时可呈现灰色等。红糖用食用红糖即可,到食品商店购买就可以。红糖所含有的葡萄糖释放能量快,吸收利用率高,可以快速的补允碳元素。

（四）塑料袋或葡萄糖瓶

生产黑木耳二级菌有塑料袋和葡萄糖注射液瓶两种。黑色塑料袋是高压聚丙烯袋，其优点是透明度强，耐高温，121℃不熔化、不变形，方便检查袋内杂菌污染；其缺点是冬季装袋较脆，破损率高。一种是低压聚乙烯黑色塑料袋，其优点是有一定的韧性和回缩力，装袋时破损率低；缺点是透明度差，检查杂菌时不易发现；该袋不耐高温，只适合常压100℃灭菌生产。总之，不论哪种袋，要求每个袋重量都必须在4克以上为好。塑料袋太薄，装袋灭菌后就会变形。规格16.5厘米×33厘米，17厘米×33厘米。葡萄糖注射液瓶到医院或诊所收购就行，使用时启开盖，用水刷一遍就行。

（五）双套环（无棉盖体）

无棉盖体分两种，一种是用纯原料生产的，一种是用再生料生产的。再生料生产的价格便宜。规格有两种，上盖直径3厘米和2.8厘米两种。购买2.8厘米规格的比较适合，塞葡萄糖注射液瓶口的棉花要求普通的棉花就可以。

（六）药　品

消毒类药品常用的有：甲醛、来苏儿、硫磺、高锰酸钾、熏蒸消毒剂、漂白粉、过氧乙酸、新洁尔灭、酒精、多菌灵、克霉灵、绿霉净、石灰等。病虫害防治药品常用的有：甲基托布津、多菌灵、石灰水、乐果、敌杀死、敌敌畏等。

二、二级菌种配方

锯末81％,麦麸15％,黄豆粉2％,石膏1％,红糖1％。

三、配　料

先将81％锯末称好;再将15％麦麸或稻糠、2％黄豆粉或豆饼粉、1％石膏干拌拌均;再把1％红糖溶解在5升水中,将溶解的红糖水与麦麸、黄豆粉、石膏先干拌的混合物拌均,拌均后闷堆30分钟后,再与81％锯末掺和在一起干拌拌均,拌匀后加水翻3～4遍搅拌均匀,使含水量达到65％,用测水仪的指针扎入锯末,看表盘指针读数到65即可。用土法测,手紧握料,在手指间有水珠渗出稍滴水为宜。

四、装　瓶

将拌好的料闷堆1～2小时后再测下水分,如还是60％～65％即可直接装瓶,用黑白铁制作能坐在葡萄糖注射液瓶子上的漏斗,将拌完的料用自制的6分盘圆钩将拌完的料装入瓶中。地面放一块木板或橡胶制品边装边敦瓶,装满后用自制的6分盘圆钩将瓶口下方压成平面,料的平面距瓶口3～5厘米,然后再用1厘米的木棍从瓶口中央到瓶底打个孔。再准备一盆清水将装好的葡萄糖注射液瓶子用手以45°的角度把瓶口(料面一下)放入水盆中转一圈,这样就把瓶口沾的料涮干净了,再塞好棉塞。在生产过程中当天拌好的料必须当天装瓶当天灭菌。

五、灭　菌

将装好的葡萄糖注射液瓶子放在常压或高压灭菌锅里灭菌,在 15 千克/厘米² 的压力下保持 1.5～2 小时,待压力表降至零时,将锅盖打开 1/3,用锅内余热将瓶口及棉塞烘干。30 分钟后将葡萄糖注射液瓶子趁热取出,立即放在接种箱或接种室内。若用常压灭菌灶灭菌,保持 6～8 小时,将锅盖打开 1/2,用锅内余热将瓶口及棉塞烘干。20 分钟后将葡萄糖注射液瓶子趁热取出,灭菌一定要彻底。

六、接　菌

接种时一定要按无菌操作进行,提高成品率,灭菌后出锅降温至 30℃ 以下的瓶可以接种,最佳接菌温度为 25℃～30℃。目前接种方法很多,可根据自己具体情况和条件定。接种时要注意,连续接种不要时间太长,以免箱内温度过高;一个试管一级菌种接葡萄糖注射液瓶 10 瓶,先将试管一级菌种在无菌台式酒精灯前拔下棉塞,再将试管里的一级菌种分成 10 等份,把每份移接到灭菌的葡萄糖注射液瓶子里,一定注意一级菌种不能贴在瓶壁上,立即塞上棉塞缩短接种时间,不给杂菌侵入的机会。

七、养　菌

在菌丝培养的全过程中，要创造使菌丝体健壮生长，又能控制黑木耳子实体正常发育的条件，其中温度是最重要的因素。培养室的第一周温度为 18℃～25℃，最适温度为 18℃～23℃，由于瓶内培养料温度往往高于室温 2℃～3℃，所以培养室的温度不宜超过 25℃。特别在第二周，若温度超过25℃，中午必须通风，在袋内会出现黄水，水色由浅变深，并由稀变黏，这种黏液的产生，容易促使霉菌感染。培养室的空气相对湿度为 50%～70%，如果湿度太低培养料水分损失多，培养料干燥，对菌丝生长不利，相对湿度超过 70%，棉塞上会长杂菌。光线能诱导菌丝体扭结形成原基。为了控制培养菌丝阶段不形成子实体原基，培养室应保持黑暗或极弱的光照强度。培养室内四周撒一些生石灰，使之呈碱性环境，减少霉菌繁殖的机会。瓶堆积在地面上培养菌丝时，要经常翻动。调换瓶子的位置，在检查杂菌时，一定要轻拿轻放，发现杂菌应及时取出，另放在温度较低的地方继续观察。30 天基本就长好了，35 天就可以接种栽培袋了。

第五章　塑料袋地摆黑木耳栽培技术

塑料袋地摆黑木耳栽培技术是一种田园化栽培技术。该技术栽培需要菌种、锯末、玉米芯、秸秆、麦麸、豆饼粉、生石膏、石灰、塑料袋、无棉盖、颈圈、草帘等原材料,利用塑料袋盛装按科学配方合理的碳氮比及 pH 的培养基,每袋装 1 千克,配好的湿料经过灭菌、接种、养菌,摆在田间大地、果树林下出耳。

一、地栽黑木耳栽培技术的工艺流程

主料准备(锯末、玉米芯)和辅料准备(麦麸、石膏、石灰、豆饼粉、红糖…)→一级菌种购进→二级菌种的制作→栽培袋的制作→养菌→挑眼→出耳→采收。

塑料袋地摆黑木耳是三级菌种出耳:一级菌种(试管)转二级菌种 10 瓶(葡萄糖注射液瓶),一瓶二级菌种转栽培袋 40 袋。每 667 米² 地 12 000 袋,用一级菌种 30 支,用二级菌种 300 瓶。

二、塑料袋的选择

现在有四项国家专利产品聚乙烯或聚丙烯黑色一条或多条白色折角袋(图 4-1),是生产黑木耳最理想的塑料袋,该产品专利号分别为 ZL201130133204.x、ZL201130040398.6、

ZL201130124777.6 和 ZL20112018025.3。该黑色的塑料袋有如下优点。

第一，保碳氮比能力强。用黑色塑料袋培养的菌种和用黑色塑料袋地栽黑木耳，因袋内温度变化平稳，碳氮比和有机质也就处于正常循环状态中，测定表明：用黑色塑料袋培养的菌种和用黑色塑料袋地栽黑木耳，袋内的培养基中的碳氮、有机质、速效钾、碱解氮等营养指标，比透明的和白色塑料袋都有不同程度的提高，提高幅度一般可达 2%～17.4%。

第二，保水能力好。据试验测定，黑色塑料袋培养的菌种和黑色塑料袋地栽黑木耳，装袋后培养基含水量 60%，不论在装袋后 7 天或装袋后 30 天培养基含水量变化幅度 3%，菌丝生长优良。

第三，黑塑料袋透光率低，辐射热透过少，所以能使袋内的培养基温度日变化幅度小。据试验测定，黑色塑料袋培养的菌种和黑色塑料袋地栽黑木耳，在菌丝生长盛期，袋温比用透明袋低 1℃～3℃。由于增温幅度小，有利于促进菌丝的正常生长，特别是对塑料袋地栽黑木耳和各种食用菌养菌期生长极为有利。

第四，提高产量。由于黑色塑料袋比透明塑料袋袋温提高慢，特别是地栽黑木耳在耳基形成期要求袋温不能高于外界温度，黑色塑料袋培养的菌种和黑色塑料袋地栽黑木耳，无论是养菌期或子实体分化期、生长期都能比透明塑料袋的提高 5～7 天。根据试验，黑色塑料袋地栽黑木耳比透明和白色塑料袋栽培时增产效果最为明显，增幅可达到 11.8%。

第五，抑制杂菌生长。采用透明和白色塑料袋，袋内温度高，杂菌率高，菌丝活力弱等是个严重问题，改用黑塑料袋后，菌丝在黑暗条件下比散光下生长快,有节省遮光环节,测定表明,用黑塑料袋后,20天后菌袋几乎不见杂菌,所接种的菌种基本长满袋。

食用菌的菌丝和子实体均能在黑暗条件下形成,光线过于明亮,菌袋温度过高,促使菌柄组织纤维化,过早分化开伞,黑色塑料袋做食用菌袋是物理控制杂菌、提高生物转化率最好的方法,采用纳米生态降解黑塑料袋做食用菌菌袋将国际先进的"氧化-生物"降解技术与纳米技术有机结合,降解过程为先通过自然界中的氧元素将地膜主要成分——聚丙烯、聚乙烯等高分子聚合物氧化断链成亲水性小分子,然后被培养基消化吸收,最终以二氧化碳、水和腐殖质的形式回归培养基,从而实现高产。

图 5-1 使用黑色塑料袋养好菌的菌袋

三、原料的选择

原料选择的好坏直接关系到培养基的质量,同时决定着地栽黑木耳的产量。当今社会，人们追求生活品质，尤其在饮食方面，讲究营养。种玉米或种黄豆讲究测土施肥，地栽黑木耳要想高产、杂菌率低，必须选适合地摆的培养基配方，培养基的碳氮比必须合理搭配。

（一）碳　源

生产中的主要原材料采用锯末、秸秆、玉米芯等，它们含有木质素、纤维素、半纤维素。锯末以阔叶硬杂木的为好，木材组织紧密、营养丰富，木质纤维素总含量82%以上。新鲜的锯末呈偏酸性，陈锯末近中性，杨、椴木锯末需加入硬杂木锯末或玉米芯以补营养不足。有些菌农陈旧发干的锯末不用，专用新鲜锯末，实际上锯末只要不发霉，用陈锯末要比新锯末菌丝长得又快又好，因为黑木耳是腐生真菌。玉米芯即整棒玉米去掉玉米粒后的芯，它含有丰富的纤维素、蛋白质、脂肪及矿物质等营养成分，使用玉米芯前要晒干，粉碎成比绿豆粒略小一点的颗粒。各种秸秆的粉碎，都不应过细，过细料实无缝隙不透气，不利于菌丝生长。

锯末有圆盘锯末和带锯末，圆盘锯末最好，锯末是带锯末的话，可以加入10%的玉米芯，来改善培养基的物理通透性。锯末的颗粒直径应在1～2毫米之间，而且粗细应相互搭配使用，保证含水量上下均匀，满足菌丝生长时对氧气的需要并及时排除二氧化碳。

（二）氮　源

氮源生产中常用豆饼粉、麦麸、稻糠等，它们含有氨基酸、蛋白质等。麦麸以新鲜的为好，千万不要用发霉变质的麦麸。

没有麦麸的地区可用稻糠代替,适当调整比例就可以了。但要注意麦麸含氮量 3.33%,稻糠含氮量 2.21%。黄豆粉或豆饼粉一定要粉细,因它的比例小,颗粒状分布不均匀,只有粉得像细面一样,拌料时才能均匀。

(三)石　膏

石膏粉可直接到药店、粉笔厂、陶瓷厂购买,目前市场上出售的石膏粉有的是石灰,一定要注意石膏不能用石灰代替。

(四)石　灰

石灰是生石灰的俗称,主要成分是氧化钙(CaO)。含钙29.4%;也是培养基 pH 值的决定因素,为食用菌提供钙素,控制杂菌的杀菌剂,并能把料中不易被吸收的营养转化为可被吸收的营养,也就是说它是生物的(酶)体,石灰粉(不应用白云灰)是建筑刷干墙用的生石灰粉,它含有大量的钙离子,在栽培时它能起到增加碱值,抑制霉菌,增加子实体干重的作用。石灰可以到建材商店购买。

四、栽培袋的配方

适于地摆黑木耳栽培袋培养基的配方很多,根据多年实践总结出如下较佳配方。

①锯木屑 80%,石膏 1%,麸皮(或米糠)17%,蔗糖 1%,生石灰 1%。

②硬杂木锯末 86.5%,麦麸 10%,豆饼粉 2%,生石灰0.5%,石膏粉 1%。

③软杂木锯末（杨、柳、椴树）41.5％，玉米芯20％，松木锯末20％，麦麸15％，黄豆粉2％，生石灰0.5％，石膏粉1％。

④锯末56.5％，玉米芯30％，麦麸10％，豆饼粉2％，生石灰0.5％，石膏粉1％。

⑤木屑78％，麸皮20％，石膏粉1％，石灰1％。

⑥玉米芯粉59％，锯木屑（阔叶树）20％，石膏1％，麸皮（或米糠）20％。

⑦玉米芯30％，稻壳15％，锯末41.5％，麦麸10％，豆饼粉2％，生石灰0.5％，石膏粉1％。

⑧玉米芯49％，锯末38％，麦麸10％，豆饼粉2％，生石灰1％。

⑨玉米芯75％，锯木屑15％，麸皮8％，石膏粉1％，白糖1％。

⑩豆秸秆粉58％，石膏1％，麸皮（或米糠）11％，锯木屑（阔叶树）20％。

⑪豆秸72％，玉米芯或锯末17％，麦麸10％，生石灰0.5％，石膏粉0.5％。

⑫稻草75％，麸皮15％，锯木屑8％，石膏粉1％，白糖1％，水65％左右。培养基中加2％的黄豆粉更好。

五、栽培袋的制作

（一）拌料方式与方法

在食用菌生产中拌料的方式与方法是很科学的，也是十分关键的重要环节，把配方中的各种辅料（麦麸、稻糠、白灰等)按比例干拌拌匀,把糖溶解在水中,再和培养基的辅料拌匀,然后和主料(锯末、玉米芯等)加水拌均,使培养料含水量达65%。达到用手握培养料,有水渗出而不下滴为度,然后将料堆积起来,闷30~60分钟,使料吃透糖水加水搅拌均匀并达到要求的水分。

　　黑木耳生长的第一个先决条件是营养,营养主要取决于原料的质量。但是光有好的培养基原料,在拌料过程中配制比例不当或水分大小不适,就会使营养损失和比例失调,所以说培养基的质量和拌料是密不可分的。培养基比例适当、准确,拌得均匀,水分适合,利于菌丝生长。在生产中大量出现的培养基营养不均匀,同批料中pH偏高或偏低现象,往往是拌料方法不当或拌料不均匀造成的。

　　水分大小对培养基量和菌丝生长相当重要。水分过大渗出培养基造成营养流失,还会因袋内积水过多在培养基缺氧而使菌丝停止生长或窒息死亡。水分过小满足不了菌丝生长对水分的需要,造成菌丝细弱生长缓慢或停止生长。有些栽培户在水分上还掌握不准。有的袋菌丝只长到2/3就不往下长了,下边全是积水的料,严重地影响了产量。

　　黑木耳生长离不开水分,袋内菌丝生长阶段的水分就靠拌料时一次决定,不能以后加入,所以拌料时测好水分对菌丝生长是很关键的,传统的土法测定得靠实践来掌握、体会,容易出现误差。用测水仪,能准确测出培养基、耳木中的水分,迅速、方便、准确。

　　拌料方法目前有两种:一是采用机械,用拌料机拌料,迅速、均匀、准确;二是手工拌料。下面重点介绍一下手工拌料。

　　将辅料麦麸、石膏粉、生石灰、豆饼粉按比例放在一起,干拌均匀,再将辅料和主料锯末一起干拌,拌匀后加水翻 2～3 遍,使含水量达到 65％,用测水仪的指针扎入锯末,看表盘指针读数到 65 就可。用土法测,手握紧料,在手指间有水珠渗出而不滴为宜。随后检测培养基的酸碱度,检测培养基的酸碱度有两种方法。

最简单的是用 pH 试纸。把培养基拌好后,握在手里用力挤出水滴在试纸上,试纸的颜色马上改变,然后和比色卡对照,与那一颜色相近,这一颜色所表示的 pH 就是所要测的酸碱度。

另一种方法是用酸度计,先将酸度计在当前温度下设置好,取搅拌均匀的培养料的滤出液 20～30 毫升放入容器中至常温,温度为当前温度进行测量读数,如是固体培养基则在培养基分装前将酸度计调至培养基温度进行测量读数,用培养基的挤出水检测比较准确。用 pH 试纸测 pH 时,最好用新启用的 pH 试纸,如果 pH 试纸存放时间过长,空气中的水分子和试纸发生反应,测试时误差就会增大。

从直观理解食用菌的培养基的酸碱度就是 pH,其实不是那么简单的,pH 是保证菌丝体新陈代谢的重要因素,白灰主要成分是氧化钙,加水即成氢氧化钙,二者为碱性物质,具有杀菌、调节培养基 pH 的作用。在原种生产过程中,拌料所用的水呈中性或偏酸,pH 在 6 以下时,要适量加些白灰,将水调至中性,在高温季节制种,也可适当加白灰来缓冲培养基中的 pH,控制培养基酸化,抑制杂菌的产生,降低杂菌率。为食用菌生长发育需要不断分解吸收培养基内的养分,而分解养分则需要一系列酶处于活化状态,而酶的活性只有在一定的 pH 条件下才能保持,一般食用菌菌丝生长在适宜的 pH

条件下才能保持。一般食用菌菌丝生长适宜的 pH 在 4～8,最适值 5.0～5.5,大部分食用菌在 pH 大于 7.0 时生长受阻,超过 9.0 时停止生长。菌种培养基 pH6.5～7.5、栽培料培养基 pH7～8 时,菌丝活力强,杂菌率低。

拌完的料闷堆 1～2 小时后再测一下,水分为 60% 即可直接装袋。如果低于 60%,加水调至 60%;若高于 60%,加锯末和麦麸,比例为 1∶1。当天拌完的料应当天装袋。

(二)装袋方式与方法

在食用菌生产中装袋方式与方法也十分关键,培养基料拌完料后必须闷堆,闷堆 1 小时后再倒堆一遍测准水分,含水量为 60%～65%,然后要及时装袋,边装袋边传堆,栽培袋的生产尽可能用装袋机装,料高 17～18 厘米,袋肩部用手压实,改变以前上下内外松紧一致的做法。这是因为袋直接摆地出耳,一直出完三、四茬,至少 3 个月。上部紧能够保证菌丝生长有充足的营养,避免上部菌丝老化,还可以减缓袋内水分散失。下部比上部相对松一些可以使菌丝生长加快。

1.塑料袋质量的检查

在装袋时看是否漏气,如果用漏气袋装就白费力气了,就是灭完菌接完菌也会长杂菌,地栽黑木耳用的塑料袋必须用高温不变形、不收缩的聚丙烯黑色袋。

2.装袋工具

装袋目前分机械和手工两种装袋法。机械装袋用装袋机,每小时可装 500 袋左右,装袋前要检查机械各部位是否正常,零部件是否松动。手工装袋要备好装袋用的小工具:扎眼用的木棍、颈圈和无棉盖。将装好的菌袋直接放入灭菌锅的灭菌筐上,用细钢筋或木板条制作,装完的袋为了防止转运、灭菌过程中受到挤压而变形,需要装在塑料或铁筐里,尺寸可根据需要和习惯而定,不论是长还是宽都能被 11 整除另外再增加 1 厘米即可,因为装完的袋直径为 11 厘米,常用的尺寸内径为 45 厘米、宽 35 厘米、高 25 厘米较好,每筐可装 12 袋,搬运方便。

(1)机器装袋 选用厚度在 5 微米左右,袋大小约 17 厘米×33 厘米的底部为方形的黑塑料袋。装袋时,将已拌好的料装入袋内,使培养料密实,并以上下松紧为原则,这时培养料的高度约为袋高的 3/5,用干纱布擦去袋上部的残留培养料,加上塑料颈套把塑料袋口向下翻,盖上无棉盖。

(2)手工装袋 如果普通黑塑料袋,装袋时先在袋内装上 1/5 料,然后用手将已装进料的两个边角窝进去,使两角不外露,底部成圆柱体,一是袋不呈圆柱形,放时站立不稳。二是不窝进去的边角料根本装不实,经常搬动时易碰动两角,这样两角容易透气,菌丝在两角定植晚,菌丝没占领吃料的地方易被杂菌所侵染,最后造成整个袋的感染。折角的袋则直接装袋,无角可窝,装袋时也方便,有利于摆放。

装袋时一边装料一边用手压料,压料时用一手提起袋,一手四指向下紧贴平压袋内的料,一边装一边压,不要一次装满,从上面一次往下压,这样一是上下松紧不一致,下部很难装实。二是塑料袋易起褶,起褶的部位划口时不利子实体形成,同时因起褶,袋和料形成的空间在出耳时易窝气,聚积冷凝水,易吐黄水。三是力大易挤破塑料袋。

每袋料装至 16 厘米处即可,每袋大约 1 千克重,袋面光滑无褶,料面平整,料不要装得过少或过多。料过少数量、质量不到位,降低了产量。料过多料面和棉塞之间空间小或紧挨着,袋内氧气少,不利菌丝生长,若棉塞触到料上,接种后菌块上的水分被棉塞吸干,菌种块就会缺水、缺氧,所以很难萌发,食用菌的菌丝生长发育需要的氧气,代谢产生二氧化碳的排出,这需要有气体交换的空间。料面和无棉封盖留有3~5厘米的空间有利于气体交换,为菌种的正常萌发和菌丝生长创造良好条件。

装够高度的袋按平料面后,用木棍在料中间打一孔至袋底,然后按顺时针旋转着将木棍拔出,把袋上口收紧,套上颈圈,将高出颈圈部位的袋口翻卷到颈圈外沿下口内,然后盖上无棉盖。

(三)灭菌方式与方法

灭菌是指杀死物体表面及内部的一切微生物的方法,使一定范围内的微生物永远丧失生长繁殖的能力,使物体达到无菌程度。灭菌的方法很多,有灼热灭菌(主要用于接种工具及试管口的灭菌)、干热灭菌、高压蒸汽灭菌、常压灭菌、间歇灭菌、紫外线灭菌及化学剂灭菌等,所用材料及操作技术也不一样。灼热灭菌是将接种工具、试管(瓶)口及棉塞等在火焰上适当灼热而杀菌。高压灭菌是将材料放在121℃~126℃的高压蒸汽中保持0.5~2小时而达到彻底灭菌的目的(常用于菌种培养基的灭菌)。常压灭菌是将培养基放在100℃的温度下连续蒸煮10~24小时而杀菌。化学杀菌是利用甲醛、高锰酸钾、酒精、气雾消毒盒、多菌灵等化学药品,分别对菇房、接种室(箱)、养菌室或培养料等进行熏蒸、喷雾、擦拭或拌在料里等方法杀菌。

1. 高压灭菌

(1) **检查** 高压锅在使用前先检查压力表、安全阀、放气阀、温度计等是否齐全、正常。如有一处工作异常都应禁止使用。

(2) **装锅** 锅内按水位线加足水,用帘子或筐把需灭菌的培养基装好,盖严锅盖,螺丝对角拧紧。

(3) **放气** 当压力达到 0.5 千克/厘米² 时,慢慢打开放气阀,把冷空气排放净,如果冷空气排不净,虽然压力达到了,但锅内温度达不到,造成灭菌不彻底。

(4) **维持** 压力达到 1.2～1.5 千克/厘米² 时维持 2 小时,此期间压力不能降至 1.2 千克/厘米² 以下。

(5) **敞锅** 维持够时间以后,停火压力自然下降,待指针降至 0.5 千克/厘米² 时打开放气阀放气,然后掀开锅盖 1/3,让锅内余热烘干无棉颈圈中的海绵体,适时出锅,放在接菌室里,接菌室要用高锰酸钾和甲醛熏蒸 30～40 分钟,进行接种箱或接种室空间消毒。待菌袋温度降至 25℃～30℃ 时接种。接种时要注意,连续接种不要时间太长,以免箱内温度过高;接种量要多些,可以缩短菌丝长满表面的时间,减少杂菌感染的机会。黑木耳抵抗霉菌,特别是木霉的能力比较弱,因此,灭菌一定要彻底。

2. 常压灭菌

目前农村大部分使用的是常压锅,它成本低,取材方便,可大可小。常压锅可用砖、水泥砌成,也可用砖、水泥砌好锅台后,直接用大棚塑料做成方桶状,将装筐的袋摞在锅台上,将塑料桶套在筐上,上口窝回扎紧,下口用布圈装上沙子压实,这种常压锅既省钱又适用。砌常压灭菌锅首先根据自己的生产规模来确定,一般直径 1.5 米的铁锅可以砌成一次装 1 000 袋左右的灭菌锅。锅台要与地面平行,墙体内壁与锅沿的距离在 25 厘米左右,不要太宽了,否则容易造成灭菌死角;墙体高度在 1.8 米,上盖的厚度为 15 厘米;砌一砖墙,墙体内外壁用水泥抹,利于水回流,顶部留有约 15 厘米的排气孔,在墙体下部设两孔,一个安装温度计,一个加水。灭菌锅要砌成双开门式或集装箱式的,便于装锅、出锅。

常压灭菌锅的温度一般可达到 100℃～108℃。灭菌时袋内温度达到 100℃时持续 5 小时,微生物就会全部死亡,灭菌时间不宜过长,灭菌的目的是杀死微生物,微生物死亡后还继续高温灭菌,一是失去了灭菌的意义,二是培养基中维生素等营养成分被分解破坏,三是提高了灭菌的成本,灭菌是以达到杀死培养基内活菌为目的,灭菌时间越长,培养基营养消耗越严重,抗杂菌性能也越差。

常压灭菌到时间后,不要长时间闷锅。撤掉余火,锅壁还有余热时,将锅盖打开,用锅内余热将无棉盖及袋口烘干。

简易灭菌锅一般都是用塑料布等方便材料代替红砖和水泥,使用时应注意以下几点。

首先,温度计不能放在锅体的最上方,因为烧锅时热气上升,饱和水蒸气从上向下一层层穿透,锅体上方温度达到 100℃时,锅中心和底部的温度还没有达到 100℃。如果此时开始计算灭菌时间,就会造成锅中心和底部出现"假温度",造成灭菌不彻底。

其次,温度计不能放在锅体的最下方,即靠近锅沿处,因为随着温度的升高,水达到 100℃即开始沸腾。温度计太靠近锅沿会与沸腾的水接触,这样测出的温度是水的温度而不是培养基实际温度,在这种情况下计时灭菌肯定不会彻底。

最后,温度计的合理摆放位置应确定在距离锅台 15～25 厘米的高处,即把温度计插入下数第一层袋内(如果墙壁厚,可以从锅门打孔插入),因为此处属于锅体下方,这里的温度达到 100℃时,中上部已达到 100℃了,而且这里不至于被沸腾的水浸泡,这样测得的温度才是真实的。此外,常压灭菌还应注意如下问题:

要接加水管,灭菌时锅内要保持一定的水位,才能产生足够的蒸汽,使灭菌彻底;要用结实、拉力强的塑料布或其他材料,免得灭菌过程中胀破,造成损失;简易灭菌锅顶上也应留有排气孔,灭菌时用麻袋或棉被盖上,火力过旺时可排除部分蒸汽,另外还能防止棉塞潮湿,减少杂菌程度;简易灭菌锅,由于锅体薄,保温性差,最好延长灭菌时间,在培养基内达 100℃时应维持 6 小时;灭菌时锅内的袋应套牢固,以免在受热时移位,造成事故,影响正常生产。

(四)接种方法

在接种前应准备好接种工具、菌种及已灭菌冷却好的菌袋,在生产接种时一定要按无菌操作进行,提高成品率,灭菌后出锅降温至 30℃以下才能接种,最佳温度为 25℃～30℃。接种是黑木耳生产的一个关键环节,要树立无菌观念,使接种设备和环境有机结合,再好的设备在有菌的环境下接种也会长杂菌,除了接种设备好,接种的环境一定要消好毒,在这样的环境下拔下棉塞接种才不会长杂菌。

接种达到无菌要求应注意以下几点:①接种前先用 2%～3%的来苏儿液喷雾消毒;②用气雾消毒盒熏蒸,用量为

3～4 克/米³,熏蒸半小时;③有条件的栽培户接种前,接种场所应用 30 瓦紫外线灯照射半小时;④菌种要纯正,无污染;⑤手、菌种瓶及接种工具用 75% 酒精擦洗消毒;⑥接种钩、勺等工具应在酒精灯火焰上灼烧灭菌;⑦接种方法正确,接种人员操作熟练,配合默契;⑧接种过程中,接种工具碰到有菌的地方应重新灼烧灭菌;⑨接种量适中,均匀一致;⑩接种时间一般每次 1～1.5 小时,或以接种室温度不超过 30℃为宜。

1. 综合接种法

首先要建立一个 6 米²左右的接种室,具体大小按自己的一次接种的数量而定,接种室应设缓冲间,最好设在灭菌室和培养室之间。其室顶高度不宜超过 2 米,室内地面、墙壁均应平整光滑。在接种室内与门同侧的墙壁设一工作台(桌),上置一高 50 厘米、长 4 厘米、宽 30 厘米前面不封口的木箱,箱内安装一盏红外线灯,这样接通电源后,红外线灯就制造了一个干热无菌区,同时,室内还应安装一盏 30 瓦的紫外线灯管,其距地面高度不超过 1.5 米。接种室在使用前须进行处理:打扫卫生后,将所用物品全部拿入室内如菌种、栽培袋、其他工具等,用克酶灵喷雾降尘,打开紫外线灯后人员退出,30 分钟后,将紫外线灯关闭,过 20 分钟人员即可进入。打开红外线灯,接种前点燃酒精灯(要用无菌台式酒精灯),将酒精灯接种工具消毒后接种。

接种时选好二级菌种,用酒精棉球等进行瓶面消毒,在无菌酒精灯火焰上拔掉棉塞,一手握住已消毒的接种钩,用无菌酒精灯火焰或药物洗刷消毒,将菌种瓶置于固定的菌架上,用接种钩勾去瓶内菌种表面的老化膜,再将接种钩伸入菌种内部将菌种捣碎成块状,如同黄豆至花生米大小,进行接种,接种时将菌种块接入袋内培养基的孔内,并继续掏取瓶内菌种接在袋内培养基料面上,使料面上薄薄布上一层菌种,一般一瓶二级菌种可接 40 袋。

有些食用菌生产户接种时,把接种直接放入通养孔里,每袋接种量还少,有时一瓶菌种接 50 瓶,这样接种孔内塞满菌种不透气,吃料慢,不利菌丝生长,要想让菌丝吃料快,尽快长满袋,应将接种孔内接入 2～3 块菌种,接种量大一点,菌袋下松上紧通气好,再在料面上多接些块粒小的菌种,这些菌种菌丝已萌发,很快占领料面并吃料,上下一齐长,菌丝生长发育正常。

2. 接种机接种

食用菌接种机,可用做食用菌接种,又可用做培养室净化。使用接种机接种,大大提高了接种效率,比接种箱接种提高工效 5 倍以上,一、二、三级菌种及组织分离都很适用,并且使接种人员免受化学药剂的危害,同时对食用菌菌丝也减少了药物的刺激,菌丝活力强。菌丝吃料早,定植快。采用接种机接种,要求在密闭的接种室内,将接种机放在普通桌面上。室内喷新洁尔灭 5% 溶液降尘净化,然后打开接种机,在机前20～30 厘米范围内接种。

六、养菌方式与方法

养菌是地摆黑木耳的基础工作,黑木耳生长主要有两个阶段:一是菌丝生长阶段;二是子实体生长阶段。养菌阶段就是菌丝生长阶段,只有菌丝生长得好,才为子实体的生长打下良好基础。养菌分室内和室外养菌。黑木耳是中温型真菌,养菌的目的是为了出耳,出耳和长耳的温度是 10℃～25℃,气温超过 25℃后,胶质状的子实体会自溶腐烂。养菌要为长耳服务,要根据出耳季节来安排养菌时间。春、秋两季温差大,气温在 10℃～25℃,有利于黑木耳生长。

(一)室内养菌

应根据当地自然气候,气温达到 10℃左右开始出耳,往前推 40～60 天养菌。欲充分利用室外春季自然温度出耳,便采用室内集中养菌、室外出耳的办法。

养菌室应具备增温、保温、保湿、通风的条件。室内养菌袋的摆放有搭架子和垛木筐两种。搭架子是在养菌室用角钢或木方搭成架子 4～6 层,上铺木板,把袋摆在上边站立培养。这样培养室空气流通易散去袋内菌丝代谢产生的二氧化碳气体,还可避免因上垛摆袋造成挤压变形。垛筐是用搭架子木板剖成木条,钉成内径 44 厘米、宽 33 厘米、高 26 厘米的木筐来盛袋,把木筐垛 4～6 层进行管理培养。其优点是利于检查管理,取拿方便。

需注意,不论是搭架子还是垛木筐,木板一定要晾干、抛光涂上油漆,避免扎破袋和杂菌感染。

如没有现成架子以后尽量不要搭架子。搭架子一是成本高,二是摆放取拿和检查菌种不方便,三是清理培养室和消毒不方便。

养菌室在袋放入前应消毒处理,墙壁刷生石灰消毒,地面清理干净,室内挂干湿温度表,养菌室要处于完全黑暗的条件下,避免光线射入抑制菌丝的生长或过早形成子实体。如果养菌选用的是黑色菌袋,则不需要遮光。

室内挂干湿温度表,用以测定室内的温度和空气相对湿度。在养菌第一周温度在 20℃～28℃,空气相对湿度在 45%～60%左右,就不用通风,往地面洒洁净的清水就可以了。

培养基的菌丝吃料 1/4,必须在中午通风 30 分钟,养菌室温度不超过 28℃。菌袋内菌丝的生长自身产生热能,袋内和室内二氧化碳气体的增加,往往袋内温度比室内温度要高 1℃～2℃,要保持养菌室有一定的温湿度、洁净,每天必须通风。菌袋生产过程中对杂菌的控制十分重要,主要是预防为主,杂菌就是食用菌生产中的癌症,如果有杂菌难以治愈,在生产中一定要按严格无菌操作程序,是生产食用菌成功之母。

养菌室到后期应注意通风,黑木耳是好气性真菌,只有在空气新鲜的情况下才能生长良好,而有的菇农只讲温度,不讲通风,菌种是在高温缺氧的条件下勉强生长的,所以在出耳时失去抗杂能力,这样的菌种种到木段或袋上都长不好,都极易烂耳。只要温、湿度适宜,空气新鲜,35 天左右,大部分菌丝都可长满全袋。养菌期间如出现杂菌,移到室外气温低、通风的地方放置,遮荫培养。温度低霉菌很难生长,黑木耳菌丝反而长得更壮,这样菌丝就会吃掉杂菌菌丝。在个别感染严重的菌袋,不能随便扔弃,必须集中在一起,将袋内料倒出,堆在一起撒上白灰盖上塑料布发酵,在做新的培养基原料时按 30%加进去使用。

(二)室外养菌

1.时间选择

在室外养菌必须考虑室外环境和温度,因此室外养菌的时间安排很重要,暑期伏天气温超过 30℃ 的地区应提前或延后,躲开暑期高温期出耳。黑木耳是腐生真菌,塑料袋内菌丝长满后,不及时割口挑眼,再遇上高温,就会出现袋内菌体发软,菌丝死亡,这时再挑眼,迟迟不能形成子实体,或子实体形成也长不大,而且很快产生大量青霉等杂菌,生产的时间一定要考虑出耳时的温度,定好多长时间出耳后,就往前推多长时间制栽培袋和多长时间养菌。黑木耳室外养菌选择在秋季效果最好。在鸡西地区水稻床土隔寒育苗大棚,是秋季黑木耳生产养菌最好养菌场所。大棚温度适宜,通风方便,利于好气变温型的黑木耳菌丝生长,降低了生产成本,提高了菌丝的质量,但必须天天中午通风,千万别超温。

2. 场地选择

养菌场地应选择在不积水,通风,清洁的地段,春季可选择向阳、光照好的地方以利增温,暑期可选择遮荫,通风地段或人工搭遮荫棚,以防高温。

3. 养菌床制作

做养菌床可以根据自己的实际状况或顺坡方向,以利排水。主要有地上床和地下床两种形式,床的长度根据地形地势自然不限,地栽黑木耳是把划完口的栽培袋摆在出耳床上覆盖草帘出耳。因此,养菌床的制作就显得非常重要,在不同季节、不同地理环境、不同气候条件下,制作不同的养菌床,会使养菌产生不同的效果。

采用地上床的优点是便于通风,便于管理,抗涝灾能力强,缺点是易发生干旱,湿度不易保证,温差变化过大,抗高温能力差,地上床的制作标准:顶宽 1.0～1.2 米,可摆 6～8 排,床高根据地势可在 10～25 厘米的范围内,地势低洼、易发生涝害的地方可适当高些,反之可低些,床的长度不限,但为了方便管理,也不要过长,一般根据地形应控制在 40 米以内。

采用地下床也有其优缺点,其优点是保温,保湿性能好,温差变化不大,湿度易提高;缺点是通风和排水稍差,地下床要求宽 1 米,否则会失去浅地槽的作用。养好菌后的养菌床,可直接做出耳床使用。

无论选用地上床还是地下床,做床时都要顺坡做,并且保证坡度不要过大,不同地区在选择制作出耳床时,可参考以下几点建议。

第一,春季出耳因早春气温低,温差变化大,许多地区干旱少雨,湿度小,应采取地下床出耳。

第二,夏季出耳如在高海拔,气候凉爽,湿度大的地区可选用地上床,如果在高温、炎热的干燥地区则应选做地下床出耳。

第三,秋季出耳,由于刚划口时处于夏末高温阶段,后期气候又逐渐转冷。地下床有利前期防高温,延长出耳时间,但应注意通风。

第四,雨水集中,降雨量大,出耳期遇强降雨机会多的地区,一定要采取地上床,选择地势高的地方,以免发生涝灾。床宽 1 米或 1.2 米,床与床之间的作业道宽 30 厘米左右。床比作业道高出 10 厘米,以利于排水。

4. 出耳床消毒

将床面和草帘用多菌灵消毒,待床面和草帘干爽后,开始摆袋。

5. 摆 袋

将已接种的菌袋连筐一起摆在床面上,顺着床的长度方向摆筐,筐可摆五层高。摆完筐后盖上草帘子,草帘子两边直接触地,彻底遮住光线,气温低时盖上塑料薄膜。此阶段往往是外界气温较低阶段,同时又是菌丝初长阶段,主要是提高温度,一般说来在菌丝生长阶段的前 10 天内,袋内的氧气能够满足菌丝生长的需要,在前期不必大通风。

6. 养菌管理

菌筐摆入床上不用挪动,10 天后掀开塑料布、草帘检查菌丝生长情况。正常情况下床内温度应在 15℃～20℃ 之间,菌丝占领料面并能吃料 1/4 或 1/5 时,彻底掀开草帘,将菌筐倒垛,从这排垛挪到另一排垛,原先在上面的这次放在下边,下边的放到上面,每个筐互换一下位置就可以,然后及时盖上草帘,根据温度高低来决定盖不盖塑料布。这时床内最高气温不应超过 25℃,气温低应盖上塑料布增温,气温高则应及时通风搭上遮荫棚。如遇雨天必须遮上塑料布,一般 40 天左右菌丝就长满全袋了。

(三)养菌注意事项

无论室内养菌还是室外养菌必须注意以下几个问题。

1. 养菌前期防低温

接种后,养菌一周内一定要防低温,温度在 23℃～28℃ 最佳,这个温度范围,菌种萌发快吃料早,如果这段时间温度在 22℃ 以下,菌种萌发慢,在萌发过程中使自身营养大量消耗,无力向培养基中蔓延,造成萌发慢吃料晚,菌丝生长无力。

2. 中后期防高温

养菌的中后期也就是菌丝长至 1/3 以上时,随着菌丝的不断生长,菌丝体的新陈代谢,内部会产生很多热量,如果这时的环境温度在 23℃ 以上,袋内温度更高,这样就会超过菌丝所能承受的温度,造成因超温引起的菌丝细弱、生长无力、退菌、甚至死亡,所以要注意防止养菌中后期出现高温现象。

3.注意通风

黑木耳是好气性真菌,不能只讲温度不通风,养菌时在保证温度的前提下,要注意加强通风,如果不通风、室内缺氧,造成菌丝细弱无力,生长缓慢。

4.避光养菌

菌丝是在黑暗条件下生长的,光线有抑制菌丝生长、刺激木耳原基提前形成的作用,直射光还会使袋内温度升高,使菌丝体超温,阳光中紫外线还会杀死菌丝细胞,所以不论是室内还是室外养菌都要避光。二级种和栽培袋都要在黑暗的条件下养菌,否则,就会影响菌丝的正常生长。所以,早春低温时养菌要在增温和保湿的前提下,注意处理好温度与通风的关系。秋茬生产在夏季高温时养菌要避免超温,要采取搭遮荫棚等措施尽量降低养菌温度。

七、出耳床场地的整理

根据不同地势、不同环境应做不同的出耳床,积水低洼地或平地又不好排水的地方应做高出地面 10 厘米的出耳床,坡地、排水良好的地应做比地面低 10 厘米的出耳床。床面宽 1.2 米,长度不限,高低深浅由地势定,床面必须灌透水后再撒上生石灰。1 米² 可摆 25 袋,每 667 米² 地留 1/4 为作业道,余下地可摆 12 000 袋。

耳床做好后,往耳床上浇灌石灰水,必须灌透,使床面吃足吃透水分,然后用 1∶500 倍多菌灵溶液,再将盖袋的草帘子用多菌灵溶液浸泡,浸完后将草帘堆放在一旁,控净多余水分,当黑木耳菌丝长满袋时,即可将菌袋从培养室移到栽培室,把棉塞、塑料颈套去掉,袋口拧成 360°倒立在地面。

把养好菌的栽培袋(菌丝即将发至距袋底 1/5 就可以了,大约离袋底还有 2 厘米左右或刚长满的菌袋)运到木耳床附近,更不允许菌丝长满后多日不割口挑眼。

八、菌袋开洞、挑眼或扎眼

在养菌时,菌袋内菌丝即将长至袋底或离袋底 2 厘米左右时,或刚长满袋,就可以移到出耳床。先将无棉盖、颈圈拿掉,进行开洞、挑眼或扎眼出耳。方法如下。

方法 1:开洞,用刀片在袋子的四周,按两洞之间 5～6 厘米的距离开长度 1～1.5 厘米,深及料内 0.3 厘米的小口,也可先在菌袋的一侧开洞。将已开洞的菌袋在另一盆石灰水中浸泡一下,使洞口处于碱性环境,可有效地防治杂菌危害。

方法 2:袋口拧成 360°扎严实后,用锥子挑眼,挑眼时不要反复用药水消毒,那样会杀伤菌丝,致使栽培袋出耳不齐。挑眼就在耳床处挑眼,不要在室内挑眼,更不应挑完眼放在室内培养,室内空气污浊,污染严重,容易造成杂菌感染。挑眼还应注意不要在雨天挑,不要在袋料分离处和起褶处划,不要在袋内形成原基处挑,要在袋料紧贴处挑眼。挑眼挑"三角"形的三个点,破坏培养基为宜,每袋挑 60～80 个眼,因塑料袋挑眼处张开度小,培养基和空气接触少,还易保湿,利于子实体形成,挑眼处子实体原基一形成,便自然形成一个黄豆大的原基,顶起挑眼处的塑料,使它向上翘,子实体本身封住了挑的眼,水浇不进袋内,形成袋内干长菌丝,袋外湿长子实体,干干湿湿,内干外湿的出耳条件。所以说挑眼必须是"三角"形。眼的深度对出耳早晚,能否形成大耳,能否使原基尽快长出袋外,对后期出耳能否烂根关系重大。眼形开得大,挑眼处形成原基后,朵片长大后期浇水时耳根处积水,造成根部腐烂,整朵耳子都会腐烂流耳。眼形过小,成朵的耳子根部伸展不开,两边斜线一连接,还易将挑眼的塑料包在里面,抑制了子实体的生长。挑眼过深过浅对产量都有直接影响。挑眼过深过大,营养分散,子实体原基很难形成大朵,培养基裸露面积大,外界水分也易进入袋内,给杂菌感染提供了机会,越是挑眼大挑眼深,朵子越不易形成,越长不出大朵,越长得慢,越易感染杂菌。挑眼深度是出耳早晚、耳根大小的关键。挑眼过浅或不往培养基内挑,子实体长得朵小,袋内菌丝的营养输送不上来,耳子长得慢,一拿一动因耳子的根部没长入袋内一碰就掉。挑眼过深,子实体形成的较晚,耳根过粗,延长了耳基形成期。挑眼的深浅适宜度在 0.5 厘米左右,这样的深度最适宜菌丝扭结形成原基,正常温、湿度条件下一般 1 周时间原基便可形成并封住挑眼处。

菌丝是无限生长的,正在生长的一根菌丝,被挑眼后,营养便往挑眼处聚,便形成了黑木耳原基,木段上的子实体也是长在打眼处和树皮缝处,这些点都是菌丝断头处。挑眼得过少浪费袋内营养,挑眼得过多子实体长不大,还保证不了产量。菌丝长至离袋底还有 2 厘米左右的,挑完眼子实体原基形成前,菌丝也就长到袋底了。挑完眼的袋立即站立摆放在床上,袋与袋间隔 10 厘米左右,袋与袋呈"三角"形,然后盖上草帘。

方法 3:用割眼器,国家发明专利"一种食用菌袋划口器"划口。使用方便,设有可调划刀,划口速度快,长度、深度合理、准确。

无论是用手工割眼还是用割眼器挑眼,必须在出耳床处进行,不要在室内挑眼,更不应挑完眼放在室内培养,室内空气污浊,污染严重,容易造成杂菌感染。

九、催 耳

(一)室外催耳

把开洞、挑眼或扎眼的菌袋在放在原来的筐里,摆在室外,宽为 4 列,高 7 层,长度根据自己的实际情况而定,盖上事先准备的草帘子(用多菌灵溶液消毒后,湿而不滴水的)盖在筐垛上,上面再盖上塑料布催耳,头 3 天不用通风,3 天后每天中午通风 30 分钟,7 天菌袋开洞或挑眼扎眼处就形成大米粒大的小黑疙瘩,这样耳基就形成了。

(二)温室催耳

把开洞、挑眼或扎眼的菌袋放到原来的筐里,放在温室里,温室前放宽为 4 个筐,高为 3 层,往后摆一行加一层,到第七层就不加了,一直摆到长 15 个筐就可以了,长度根据自己的实际情况而定。用多菌灵溶液消毒后,湿而不滴水的草帘子盖在筐垛上,头 5 天不用通风,5 天后每天中午通风 30 分钟,7 天菌袋开洞或挑眼或扎眼处就形成大米粒大的小黑疙瘩,这样耳基就形成了。

十、地摆方式与方法

必须选择晴天把做好的出耳床用石灰水灌透,使床面吃足吃透水分,然后用 1:500 倍多菌灵溶液,将盖袋的草帘子用多菌灵溶液浸泡,浸完后将草帘堆放在一旁,控净多余水分,黑木耳从野生到大地栽培,经历了一个漫长的历史阶段,大地人工栽培为黑木耳生长提供了更适宜的生长条件,使周期缩短,产量提高。为了满足黑木耳子实体生长发育需要的阴凉、避光、湿润、通风的外界条件就要盖上草帘,这样既保湿、降温、又能避光通风,这就解决了袋挂栽培造成的湿度和通风的这对矛盾。

草帘是用稻草等材料制成,在温度低的季节能增温,如早晚霜的来临,盖上草帘,子实体照常生长。在高温季节能起到降温作用,在阳光直射的场地,盖上草帘能把直射光变成散射光,利于子实体生长。在干旱条件下,浇水后,草帘能起到保湿作用,使床内的相对湿度保持稳定,减少浇水次数。

草帘子在地栽黑木耳的生产过程中起着非常重要的作用,室外养菌离不开草帘,用以遮荫和调节温度,子实体生长的整个时期更离不开草帘,其作用主要是遮荫和保湿。地栽黑木耳模拟了野生黑木耳生长习性,草帘子的应用是其完整技术体系中的一部分,尤其是在子实体生长阶段,草帘覆盖栽培袋,地湿、帘子湿,在地面与帘子之间的栽培袋就有了适宜的温度、光照和空气相对湿度等。适合黑木耳生长的环境,必须有合格标准的草帘做保证,帘子既要能够遮荫保湿,又要具有一定的通透性,帘子薄了,不利于遮荫保湿,帘子厚了,又会造成通风不良,其结果都能带来栽培上的失败。制作草帘子要按标准。首先要细心选择原料,打草帘子最好选用稻草,因稻草韧性强,经久耐用,保湿性好,不易发霉。其次,要保证草帘质量,草帘的长、宽、厚、重,都应有一定的标准,以稻草帘子为例,帘子宽以 1 米为宜,长取决于出耳床的宽窄(因草帘子是横搭在出耳床上的),以把栽培袋盖严为主,一般顶宽 1.5 米,但地上床需打制 2 米长的草帘子,顶宽 1 米的地下床配以 1.2 米长的草帘子。草帘的厚度与重量相互制约,一般在制作时,用稻草 7~10 根,每延长米干重 1.5~2.0 千克左右为宜,帘子绳一般采用麻袋线或 8 股渔网线,以防晒,遇湿不腐烂,结实耐用为好,每个帘子打 6~8 道径。

帘子打成后,会给栽培提供方便并带来好处,各地应根据当地的干湿状况及其他自然条件,选择和打制适宜的草帘。当黑木耳菌袋耳基形成时,即可将菌袋从催耳室移到出耳床处,把棉塞、塑料颈套去掉,袋口拧成 360°,有正立出耳和倒立出耳两种形式。

正立出耳是在菌丝距袋底还有 1~2 厘米时划口,缩短了养菌时间,保证划口出耳的最佳季节。此种出耳摆放方法,划口偏向上部,把口的上部装实,防止上部菌龄过长和含水量偏低。

倒立出耳是菌丝完全长满袋后,出耳时底朝上的一种摆放方法,克服了站立出耳耳子上小下大的现象,使袋内与床面湿气互为补充成为一体。

在生产中养菌超温、挪动不当等原因造成袋、料分离的,必须采用站立出耳。

十一、出耳管理

(一)第一周耳基形成期管理

将挑眼或割口的摆在出耳床上,在一周左右耳基就会形成。保持床面一定的湿度,空气相对湿度85%左右,使床面既不过于潮湿,也不使床面或挑眼处干燥,如气温在10℃～20℃范围,子实体原基7天便可形成,8～10天封住挑眼处。这阶段帘子潮湿度不够,可轻轻往帘子上喷雾状的水或将帘子用清水浸泡,沥净多余水分再往上盖,总之不允许帘子上有水滴滴入挑眼处。如天气干燥风大,可以一层湿帘子上面盖一层干帘子,以利保湿。夜间可将帘子掀开通风或将帘子撤下去,彻底大通风。这阶段切记"怕水浇得大,就怕不通风"。早期挑眼感染,除了菌种和配方因素外,这两点是主要原因。

如遇雨天,因子实体还未长出封住挑的眼,经不起雨水的浸淋,下雨时需盖上塑料布遮雨。

(二)第二周原基形成期管理

第二周原基的形成需要四大要素"温度、湿度、氧气、光照"。温度以12℃～22℃为适,并给以温差刺激,创造温差相错5℃～10℃的条件;湿度以空气相对湿度80%～95%为宜,喷水保湿或浸水,通风换气,以满足有足够的氧化和充足的光照即可。原基形成的多少,整齐与否和一系列管理好坏与配合有关,发菌期温度保持正常,通风良好,转色温度正常,空气新鲜,分泌和蒸发的水排除及时,转色均匀,补水适度,菌袋催菇催耳时光线、温度、湿度、空气的配合符合要求,原基发生得基本一致,栽培食用菌必须以科学的态度去细心管理。才能达到优质、高产。黑木耳在菌丝生长阶段应处于黑暗条件下,而子实体生长阶段应有散射光,所需要的光照强度为40～100勒克斯。因为散射光促成了原基的形成和加深颜色,有利于干物质的干重增加。所以说,黑木耳子实体生长阶段没有光线不行。但光线也不要过强,过强的太阳直射光会抑制菌丝生长使菌丝死亡。耳基形成了,就需要一定的空气相对湿度,空气相对湿度要求85%左右,温差在9℃以上,加大通风保证空气新鲜,适当的散射光,夜间就不用盖草帘子,子实体才会得以正常尽快形成。

散射光线能诱导原基的形成,增加黑木耳干重,散射光还能和空气同时作用来调节空气相对湿度,抑制霉菌的生长。

选用黑塑料袋,直射光线能使培养基表面温度不会迅速升高,直射光线能降低菌床和培养基的湿度,袋内环境的温、湿度平衡,有利菌丝和子实体生长。在出耳后期,遇有烂耳、流耳,采收时应利用直射光线来抑制霉菌,降低环境和子实体的湿度。

(三)第三周子实体形成期管理

第三周,原基是子实体的原始体或者说胚胎期,食用菌的原基一般呈颗粒状、针头状,原基进一步发育就成为菌蕾或幼耳,原基的形成,标志着菌丝体已由营养生长阶段进入生殖生长阶段。当大量繁殖的营养菌丝遇到适宜的光线、温度、湿度等物理条件和机械刺激(如搔菌、划口等)以及培养基的生物化学变化等诱导时,就形成了原基,而那些处于生长条件优势的原基,才能发育成成熟的子实体。黑木耳的原基,一般呈桑葚状,地摆黑木耳的原基一般在划口后 3～7 天形成,沿菌袋划眼,形成原基(耳基)。

黑木耳由原基形成就是耳基,耳基长至玉米粒大以后,上面开始伸展出小耳片,就已经进入分化期了。

分化期的主要管理和耳基形成期基本相同,这阶段就像蔬菜育苗期"蹲苗"一样,耳基形成后,给予一定的温、湿度,温差,通风等条件,慢慢分化。切忌浇大水,珊瑚期的耳芽刚刚形成,相当细嫩,它既需要水分、又不应水分过大,水分过大,刚形成的幼小子实体因嫩小,吸水过多易破裂造成烂耳。

冷热温差,新鲜的外界空气,潮湿的地面和草帘环境,给分化期提供了条件,这个阶段的原基通过菌丝吸收袋内菌丝体的营养,用来满足自身分化对营养的需要。浇大水湿度过大易使刚形成的耳芽破裂烂耳,而因湿度大,菌丝生慢或停止生长,使耳基光有水分没有营养而死亡烂掉。

这一阶段的湿度就是保持形成的原基表面潮湿不干燥(空气相对湿度 80%～90%),使形成耳基的菌丝体有一个休养生息的机会,为子实体原基分化提供更多的营养。偶尔几天的原基表面湿度下降,表面发干都正常,这正是给子实体分化生长积聚营养,为它的分化打基础。这个时期是 7 天左右。

(四)第四周子实体分化期管理

第四周子实体原基长至纽扣大小后,边缘逐渐分化出许多小耳片,并逐渐向外伸展,一直到采收,这段时期称为子实体生长期。

经过分化阶段的积聚营养,子实体已达到快速生长的阶段,这阶段的主要任务是加大湿度,加强通风。湿度合适,通风适宜,保证子实体新鲜水灵。这个时期空气相对湿度在90％～100％之间,当耳片展开1厘米以后,利用喷壶直接浇水就可以了。如果大雾天或小雨天,可以撤掉草帘,任其浇淋,几天后耳片就能全部展开。

子实体生长期如果发现长得慢,可停水3～5天,使地面、草帘、耳片都干,这时菌丝休养生息,积聚营养,几天后再恢复大湿度,使耳片充分吸透水,这样,子实体因积累足够的营养之后,又进入生长期。

随着耳片的逐渐长大,需要的氧气量也随之加大,所以经常通风又是管理工作的一个关键。可以卷起帘子两边通风。温度合适的季节,在保证湿度的前提下,夜晚可以全部敞开草帘通风,如果通风不良,二氧化碳浓度高,子实体生长缓慢或者呼吸受抑制停止生长,会形成畸形耳。

在具体生产中,应根据不同季节、不同天气情况等灵活掌握实际采收时间。春季天气正常,降雨、气温等条件适宜,应按采收标志及时采收。夏季天气变化无常,温度高、湿度大、连雨天多,为保证质量和便于干燥,应按标准提前采收。秋季气温逐渐下降,可适时延后采收以利于提高质量,增加产量。

子实体弹射孢子后采收,耳片弹性胶质性下降,就会造成商品质量下降,折干率低,效益差。

子实体长到茧蛹大以后,边缘分化出很多个耳片,并逐渐向外伸展,挑眼处已被子实体彻底封住,这时应逐渐加大浇水量,浇水应用喷雾形式从上往下浇,子实体已达到快速生长的阶段,需要加大空气相对湿度在95％左右,晚上就不要盖草帘子了,白天遮好帘子,保证帘子是湿的,耳片伸展开2厘米以后,可以直接往耳片上浇大水了,但必须晚上浇水,如果发现子实体生长得慢,可停水 2～3 天,帘子就彻底的不盖了,让袋、床面、子实体风干一些,使菌袋有几天的干燥时间,让菌丝有休养生息的时间。为了供应子实体生长所需营养,菌丝必须向袋内深处生长,吸收和积累养分。经过几天的休养生息,积聚营养,再恢复大湿度,浇水催耳,使耳片充分展开。大湿度大通风的前提下,促使黑木耳迅速生长。

正确处理好黑木耳子实体生长阶段的干湿关系相当重要,在栽培中,子实体开片后长得慢,烂耳,发红变软,弹性下降等都是由于没把握好干湿关系造成的。所谓温度的高低,湿度的大小,都是相对的,是菌丝体生长阶段和子实体生长阶段相对来说的。

菌丝体生长阶段需要的最佳温度是 23℃～25℃,过低,菌丝体生长缓慢或停止生长;过高,菌丝体受热死亡。这个温度相对于子实体生长温度 15℃～25℃是高温。子实体生长时温度不能过高,高温易使中温型、胶质状的黑木耳子实体腐烂。

菌丝生长阶段空气相对湿度不宜过大,在 45%～60%之间,过大,潮湿的环境易于感染杂菌,这相对于子实体生长阶段需要的空气相对湿度 80%～100%是低湿。子实体生长阶段湿度不能太小,湿度不够,子实体萎缩,停止生长。

大自然的野生黑木耳和人工木段栽培黑木耳都是直接裸露在野外,晴天长菌丝,雨天长子实体,天晴后子实体晒干,再下雨就接着长,这就向人们揭示一条黑木耳生长的规律:干长菌丝(袋内或木段内含水量在 45%～60%,空气相对湿度较低时适合长菌丝);湿长木耳(自然界下雨,空气相对湿度达

80％～100％，干透的木耳吸足水分后，才能生长，人工浇水时也应达到这种湿度）。

在子实体生长时需要两种湿度：培养基内的含水量和空气相对湿度。这就是我们讲的内干外湿，袋内干（空气相对湿度60％）长菌丝，袋外湿才能长木耳。内干外湿，干干湿湿，干湿交替，七湿三干。在子实体生长阶段，切忌长时间不干不湿维持，这样菌丝也不长，子实体也很难生长，使子实体失去菌丝供应营养，本身弹性下降，又因草帘长时间盖着，就会造成流耳或杂菌感染，一定要把握干长菌丝，湿透了子实体才能生长发育，这样干湿交替，才能适应子实体生长发育的需要，子实体才能长得更好。

（五）第五周子实体采收期管理

子实体生长所需要的温度是10℃～25℃，在15℃～25℃这个温度范围，适合黑木耳子实体的发生和生长，低于15℃，原基形成要延长，低于10℃不能或很难形成原基，高于25℃耳片生长特快，耳片薄而且黄，温度再高胶质状的子实体会发生自溶，病虫害容易发生。

所以，黑木耳子实体生长期温度应控制在15℃～25℃之间，使子实体处于最佳生长状态，子实体原基形成后，有原基形成珊瑚状，长至纽扣大小，上面开始伸展出小耳片，这时就叫子实体分化期。

分化期的主要管理和耳基形成期基本相同，这个时期就像庄稼"蹲苗"一样，给予一定的温度（15℃～25℃）、湿度、通风等条件，慢慢分化。

这个阶段空气相对湿度应控制在80％～90％之间，保持木耳原基表面不干燥即可,切忌浇大水,珊瑚状的耳芽刚刚形成,相当幼嫩,既需要水分,又怕幼嫩的子实体吸水过多破裂造成烂耳。以前有些人见原基形成就不停地浇水,盼木耳快长,然而却适得其反造成损失。如果此时耳芽形成因水泡而生长停滞即为湿度过大,应立即停水,干上 3～5 天,待耳根干硬后再浇水,木耳就能恢复活力而生长了。

冷冷热热的温差,新鲜的外界空气,潮湿的地表和草帘环境,给分化期提供了条件,浇大水不仅会使耳芽破裂,也会因高温菌丝生长慢或停止生长使耳基光有水分没有营养,进而死亡烂掉。偶尔几天的原基表面干燥并无妨碍,这正是给予子实体分化生长积聚营养,为分化打下基础。

在子实体朵片充分展开,边缘起褶变薄,耳根收缩,弹射孢子前采收,让阳光直接照射在菌袋和子实体上,待子实体收缩发干时采摘,采摘时一手握住塑料袋,一手捏住子实体根部,把子实体连根拔出来。采收后用剪刀剪去带培养基的根部,用水洗净附在子实体上的砂土,摊在晾晒网上干晒。黑木耳子实体的晾晒是生产过程中最后一关,如果最后一关把握不好,将前功尽弃。首先,晾晒时选好场地,晾晒场地选择光线强,通风好的地方,要远离锯末晾晒场,避免锯末落在干净的子实体上。其次,晾晒工具要选用纱网,纱网要离地面 1 米左右高,把黑木耳摊在网上,上面太阳照射,下面通风很快就干;最后,晾晒时不能翻,以免耳片卷曲,因晾晒不及时,在翻晒时,互相粘裹而形成拳耳,一般情况下,大半干后再翻动,直到耳根晾干,这样会提高商品价值。

第六章　温室或大棚立体黑木耳栽培技术

　　温室或大棚立体黑木耳栽培技术,是原有的地摆黑木耳栽培技术的更新,增加了北方地区生产黑木耳的周期,常规的栽培方法是塑料袋露地地摆栽培。为了合理地利用温室空间,充分利用光热资源和土地,增加温室效益,不仅解决了黑木耳袋料栽培产量低、易污染的弊病,而且具有不受气候条件、场地、资源、资金等限制,省工、省料、产量高、品质优、栽培难度小、周期短、效益高的优点。不受栽培季节制约,可以有效利用空间,提高土地利用率,节地增效,400 米^{2}的温室或大棚就可以立体吊摆 40 000 袋,黑木耳的子实体外形好,干净无沙土,绿色无污染;种植黑木耳不受外界天气和温度的影响,管理还非常方便,省工省力,可以增加黑木耳的产量。

一、温室大棚立体栽培黑木耳工艺流程

　　温室和大棚准备(原有的蔬菜温室大棚就可以或新建温室和大棚)→栽培原料准备(锯末、玉米芯、麦麸、石膏、石灰、豆饼粉、红糖…)→一级菌种购进→二级菌种的制作→吊袋的制作→接种→养菌→挑眼→出耳→采收。

二、温室和大棚准备

温室或大棚立体栽培黑木耳,温室和大棚准备十分关键。用温室生产黑木耳不分春夏秋冬,一年四季都能生产;用大棚生产黑木耳,根据各地的气候情况,在早春和晚秋可延长50～65天的生产时间。黑木耳属中温型菌类,对温度适应范围较广。菌丝可在4℃～30℃的范围内生长,但18℃～23℃为最适宜,所生长的木耳片大、肉厚、质量好;低于10℃,生长缓慢,高于30℃,易衰老乃至死亡。在14℃～28℃的条件下都能形成子实体,但以18℃～23℃最适宜;低于14℃子实体不易形成或生长受到抑制;高于30℃,停止发育或自溶分解死亡。担孢子则在22℃～30℃均能萌发。培养菌丝需要温度高,子实体生长需要温度低,温室和大棚具有易保湿、增温效果大,还有防风、防雨、防霜、防轻度冰雹和虫害等性能,是生产黑木耳的新技术,原有的蔬菜温室大棚就可以,或新建温室和大棚,现把黑龙江省推荐棚室类型及结构参数、图表,供读者参考。

(一)温 室

主要参数：
1．温室朝向：正南或偏西3°~5°
2．内部跨度：6~7m
3．脊高：2.8~3.3m
4．后墙高度：2~2.3m
5．后阴坡投影：1.3~1.6m
6．底角：60°~65°

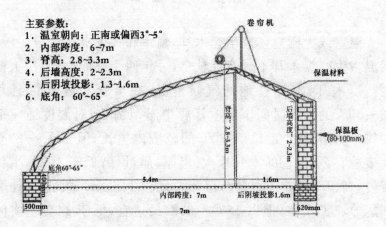

图6-1 北纬48°~53°砖混结构高效节能日光温室主要参数及结构示意图

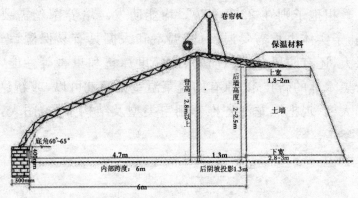

图6-2 北纬48°~53°土筑节能日光温室主要参数及结构示意图

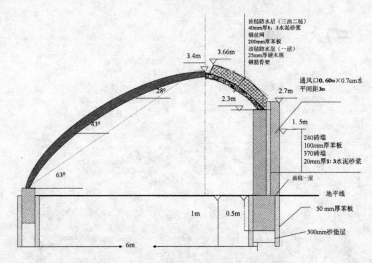

图 6-3 钢筋拱架节能日光温室剖面示意图

　　图 6-1、图 6-2、图 6-3 是三个类型，都是北纬 48°～53°砖结构高效日光温室剖面，在建造不同类型时，按相应的比例不动，建造就完全可以了，该温室的主要参数及结构示意图上标明。设计用 40 空心砖形成的"中空墙"作为后墙体，并在墙外附加保温苯板 3 厘米厚和保温砂浆加固，中空墙既可提高墙体的保温性能，又相对节省了材料。

(二)大 棚

主要参数：
1.方向：南北朝向，东西走向；
2.跨度：10~12m；
3.脊高：3~3.5m；
4.横拉杆：5排以上；
5.棚架间距：不超过1.2米；
6.长度：50~70m；

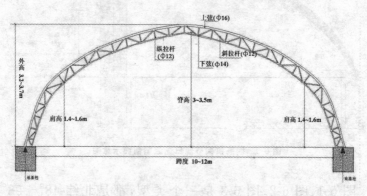

图 6-4 北纬 48°~53°(全省各地)黑龙江省大棚主要参数及结构示意图

图 6-4 该大棚的主要参数及结构示意图上标明,该日光大棚采用跨距为 10 米,大棚的四周地下设置防寒沟(深 1.2 米,20 千克重泡苯板 8 厘米厚),这样可隔离地下冻层向棚内土壤的冷传导,所设立防寒沟是提高地温的唯一措施,防寒沟的设置可使地温提高约 5℃以上。采用主框架和双卡槽的有效结合,主框架的设施既达到了大跨距的承重目的,又保证了大棚的整体稳定性;双卡槽为外层设置中空膜,内层设置单层膜,大大增加了温室的保温性能,从而除去了保温被的设置,可提高光照时间 12.5%,增加光照面积 12.3%,减少了劳动强度和保温被的机械装置,避免了保温被对棚膜的污损等。该大跨距温室内配置沼气设备,利用沼渣(沼液)具备了增温和增加空气湿度作用,使黑木耳具备了更好的生长条件。

1. 大跨距大棚(10米×81米)800米²投资预算分析

现大跨距大棚以800米²计(跨距10米,长81米),实际占地900米²;间隔以8米计(占地667米²);道路和工作间占地(10米×20米)200米²;总占地1 768米²,分别占地比例为:51%;37.7%;11.3%。

现大棚(总宽10米,总长81米,平均高度3米)。大棚空间容积为2 400米³,表面积约为1 400米²(其中塑料棚面积900米²,后墙和侧墙500米²),空间储热容积与表面散热面积之比为1.7∶1。

基本结构为保温墙厚50厘米,墙高3米,矢高5米,棚长81米,跨距10米(其中棚膜宽度8米,保温板宽度2米),双卡槽多层膜结构(外层中空膜,内层单层膜),每个大棚投资预算见表6-1:

表6-1 800米²温室大棚结构预算表

名　称	规　格	数　量	原料价(万元)	工程价(万元)
防寒沟(182m)	0.5m×1.2m	110m³,30元/m³	0.33	0.60
20千克苯板	厚8cm	17m³,260元/m³	0.44	0.80
40空心墙	300m²	大砖5 000块	2.00	3.00
外墙保温(板)	300m²,3cm	10元/m²	0.30	0.60
保温顶	250m²	60元/m²	1.50	2.00
地锚(混凝土)	300×300×400	100块,4m³	0.30	0.40
硬框架(角钢)	∠50×4,3.1 kg	600m,1.8t	1.00	2.00
硬框架支杆	∠40×4,2.5 kg	55m,0.2t	0.10	0.20
横框梁(角钢)	∠70×5,5.9 kg	90m,0.5t	0.30	0.60
支杆(角钢)	∠40×4,2.5 kg	30m,0.01t	0.05	0.10
拉筋(钢筋)	Φ14,1.2 kg	100m,0.01t	0.05	0.10

续表 6-1

卡槽插口(槽钢)	5♯槽钢,3.8 kg	40m,0.15t	0.10	0.20
∠50×4,3.1 kg	40m,0.1t	0.10		0.20
上、下卡槽	3♯(定制)	2 300m,6.5 元/m	1.50	2.00
卡簧	3♯	2 000m,1.2 元/m	0.20	0.30
卡槽钢丝(镀锌)	Φ4,0.1 kg	800m,0.1t	0.10	0.20
下拉弦钢丝	Φ4,0.1 kg	1 200m,0.12t	0.20	0.30
支杆(焊管)	6 分管,1.23 kg	230m,0.3t	0.20	0.30
双层中空塑料膜	厚 2 毫米	900m²,12 元/m²	1.10	1.60
塑料膜(1 层)	厚 10 丝米	900m²,2 元/m²	0.20	0.30
遮阳网(编织)	尼龙	900m²,2 元 / m²	0.20	0.30
拉杆、螺栓等	—	—	0.30	0.30
植物生长灯	40W	40 个/667 米²,20 个	0.30	0.40
电线	300 米		0.20	0.30
空调系统	—	1 套	0.10	0.20
滴灌系统	800 米²	1 000 元/667 米²	0.20	0.20
运输通道(砖)	0.5m,1 500 块	80m²,30 元/m²	0.10	0.20
不可预见费	5%	—	0.60	0.60
合　计			12.20	18.30

注:钢材全部为热镀锌,每吨价格约 5 500 元

——每个大跨距 800 米²(10 米×81 米,实际占地 900 米²)投资:以成本价计为 12 万元,加建筑人工费计 6 万元,共计 18 万元,平均每 667 米² 投资 13.3 万元

2.大跨距大棚(12 米×81 米)974 米² 投资预算分析

每个大棚以 974 米² 计(跨距 12 米,长 81 米),实际占地 1 067 米²;间隔以 8 米计(占地 667 米²);道路和工作间占地(10 米×21 米)200 米²;总占地 1 934 米²,分别占地比例为:55%;34.5%;10.5%。

现大棚(总宽 12 米,总长 81 米,平均高度 3.5 米)。大棚空间容积为 3 400 米³,表面积约为 1 600 米²(其中塑料棚面积 1 000 米²,后墙和侧墙 600 米²),空间储热容积与表面散热面积之比为 2.1∶1。

基本结构为保温墙厚 50 厘米,墙高 3.5 米,矢高 5.5 米,棚长 81 米,跨距 12 米(其中棚膜宽度 9.5 米,保温板宽度 2.5 米),双卡槽多层膜结构(外层中空膜,内层单层膜),每个大棚投资预算见表 6-2。

表 6-2　　1.46 亩温室大棚结构预算表

名 称	规 格	数 量	原料价(万元)	工程价(万元)
防寒沟(186m)	0.5m×1.2m	112m³,30 元/m³	0.40	0.60
20 千克苯板	厚 8cm	18m³,260 元/m³	0.50	0.70
40 空心墙	370m²,4 元/块	大砖 6 200 块	2.50	3.50
外墙保温(板)	370m²,3 厘米	10 元/m²	0.40	0.70
保温顶	290m²	60 元/m²	1.80	2.40
地锚(混凝土)	300×300×400	100 块,4m³	0.30	0.40
硬框架(角钢)	∠50×4,3.1 kg	720m,2.4t	1.30	2.60
硬框架支杆	∠40×4,2.5 kg	60m,0.2t	0.10	0.20
横棱梁(角钢)	∠70×5,5.9 kg	90m,0.5t	0.30	0.60
支杆(角钢)	∠40×4,2.5 kg	30m,0.01t	0.05	0.10
拉筋(钢筋)	Φ14,1.2 kg	100m,0.01t	0.05	0.10
卡槽插口(槽钢)	5#槽钢,3.8 kg	40m,0.15t	0.10	0.20
卡槽插口角钢	∠50×4,3.1 kg	40m,0.1t	0.10	0.20
上、下卡槽	3#(定制)	2 900m,6.5 元/m	1.90	2.60
卡簧	3#	2 500m,1.2 元/m	0.30	0.40
卡槽钢丝(镀锌)	Φ4,0.1 kg	900m,0.1t	0.10	0.20
下拉弦钢丝	Φ4,0.1 kg	1 200m,0.12t	0.20	0.30
支杆(焊管)	6 分管,1.23 kg	230m,0.3t	0.20	0.30

续表 6-2

双层中空塑料膜	厚 2 毫米	1 000m², 12 元/m²	1.20	1.70
塑料膜（1 层）	厚 10 丝米	1 000m², 2 元/m²	0.20	0.30
遮阳网（编织）	尼龙	1 000m², 2 元/m²	0.20	0.30
拉杆、螺栓等	—	—	0.30	0.30
植物生长灯	40W	40 个/667 米², 30 个	0.40	0.50
电线	300 米	—	0.30	0.40
空调系统	—	1 套	0.10	0.10
滴灌系统	800 米²,	1 000 元/667 米²	0.20	0.20
运输通道（砖）	0.5m, 1 500 块	80m², 30 元/m²	0.10	0.10
不可预见费	5%	—	0.70	1.00
合　计			14.30	21.00

注：钢材全部为热镀锌，每吨价格约 5 500 元

——每个大跨距 974 米²（12 米×81 米，实际占地 1 067 米²）投资：以成本价计为 14 万元，加建筑人工费计 7 万元，共计 21 万元，平均每 667 米² 投资 13.1 万元

3. 大跨距大棚(14 米×81 米)1 134 米² 投资预算分析

每个大棚以 1 134 米² 计（跨距 14 米，长 81 米），实际占地 1 234 米²；间隔以 9 米计（占地 734 米²）；道路和工作间占地（10 米×24 米）240 米²；总占地 2 201 米²，分别占地比例为：56%；33%；11%。

现大棚（总宽 14 米，总长 81 米，平均高度 4 米）。大棚空间容积为 4 500 米³，表面积约为 1 870 米²（其中塑料棚面积 1 100 米²，后墙和侧墙 770 米²），空间储热容积与表面散热面积之比为 2.4：1。

基本结构为保温墙厚 50 厘米，墙高 4 米，矢高 6 米，棚长 81 米，跨距 14 米（其中棚膜宽度 11 米，保温板宽度 3 米），双

卡槽多层膜结构(外层中空膜,内层单层膜),每个大棚投资预算见表6-3。

表6-3　1 134 米² 温室大棚结构预算表

名　称	规　格	数　量	原料价(万元)	工程价(万元)
防寒沟(190m)	0.5m×1.2m	114m³,30 元/m³	0.40	0.60
20 千克苯板	厚 8cm	18m³,260 元/m³	0.50	0.70
40 空心墙	440m²,4 元/块	大砖 7 500 块	3.00	4.00
外墙保温(板)	440m²,3 厘米	10 元/m²	0.50	0.80
保温顶	312m²	60 元/m²	1.90	2.50
地锚(混凝土)	300×300×400	100 块,4m³	0.30	0.50
硬框架(角钢)	∠50×4,3.1 kg	850m,2.6t	1.50	3.00
硬框架支杆	∠40×4,2.5 kg	60m,0.2t	0.10	0.20
横框梁(角钢)	∠70×5,5.9 kg	90m,0.5t	0.30	0.60
支杆(角钢)	∠40×4,2.5 kg	30m,0.01t	0.05	0.10
拉筋(钢筋)	Φ14,1.2 kg	100m,0.01t	0.05	0.10
卡槽插口(槽钢)	5♯槽钢,3.8 kg	40m,0.15t	0.10	0.20
卡槽插口角钢	∠50×4,3.1 kg	40m,0.1t	0.10	0.20
上下卡槽	3♯(定制)	3 000m,6.5 元/m	2.00	3.00
卡簧	3♯	2 800m,1.2 元/m	0.40	0.50
卡槽钢丝(镀锌)	Φ4,0.1 kg	900m,0.1t	0.10	0.20
下拉弦钢丝	Φ4,0.1 kg	1 300m,0.13t	0.10	0.20
支杆(焊管)	6 分管,1.23 kg	230m,0.3t	0.20	0.30
双层中空塑料膜	厚 2 毫米	1 200m²,12 元/²	1.50	2.00
塑料膜(1 层)	厚 10 丝米	1 200m²,2 元/m²	0.20	0.30
遮阳网(编织)	尼龙	1 200m²,2 元/m²	0.20	0.30
拉杆、螺栓等	—		0.30	0.30
植物生长灯	40W	40 个/667 米²,34 个	0.50	0.50
电线	300 米	—	0.30	0.40
空调系统	—	1 套	0.10	0.20
滴灌系统	800 米²	1 000 元/667 米²	0.20	0.30

续表 6-3

运输通道(砖)	0.5m,1 500 块	80m², 30 元/m²	0.20	0.20
不可预见费	5%	—	0.80	1.00
合　计	—	—	16.20	23.00

注：钢材全部为热镀锌，每吨价格约 5 500 元

　　——每个大跨距 1 134 米²(14 米×81 米，实际占地 1 234 米²)投资：以成本价计为 16 万元，加建筑人工费计 7 万元，共计 23 万元，平均每亩投资 12.4 万元

三、栽培原料准备

　　原料的选择以阔叶硬杂木锯末最好，杨椴木锯末需加入硬杂木锯末或玉米芯以补营养不足。也可以用林区大量不成材料枝丫、树头和旧木耳段，上粉碎机粉碎，但不应粉碎得过细，锯末过细，料中缺氧，菌丝长得慢。陈旧的锯末和新鲜锯末都可以生产黑木耳，确切地说只要锯末不发霉就可以，用陈锯末要比新锯末菌丝长得快得多，因为黑木耳是腐生真菌。

　　玉米芯即整棒玉米去掉玉米粒后的芯，它含有丰富的纤维素、蛋白质、脂肪及矿物质等营养成分，使用玉米芯前要晒干，粉碎成小粒。各种秸秆的粉碎，都不应过细，过细料实无缝隙不透气，不利于菌丝生长。

　　麦麸以新鲜的为好，千万不要有放置过夏、发霉变质的麦麸。没有麦麸的地区可用稻糠代替。

　　黄豆粉或豆饼粉一定要粉细，因它的比例小，颗粒状分布不均匀，只有粉得像细面一样，拌料时才能均匀。

　　石膏粉可直接到药店、粉笔厂、陶瓷厂购买。石灰粉(不应用白云灰)是建筑刷干墙用的生石灰粉，它含有大量的钙离

子,在栽培时它能起到增加碱值,抑制霉菌,增加子实体干重的作用。

四、菌种制作

购买的一级菌种需是适宜吊袋黑木耳栽培、高产、抗低温、抗杂菌,pH 偏碱性的优良菌株。

二级菌种的配方 1：锯末 82%；麦麸 14%；黄豆粉 2%；石膏 1%；红糖 1%。制作方法见第四章。

二级菌种的配方 2：小麦 94%；锯末 5%；石膏 1%；制作方法先将小麦用 1%的石灰澄清水浸泡 24 小时,再用水煮熟而不烂,用手指捏扁为准,捞出加入锯末拌均,后再将石膏加进去拌均,拌均后直接装瓶或袋灭菌,灭菌和养菌的方法见第四章。

五、吊袋黑木耳的制作

(一)吊袋黑木耳的配方

①硬杂木(阔叶)锯末 85%,麦麸 12%,豆饼粉 1.5%,生石灰 0.5%,石膏粉 1%。

②软杂木锯末(杨、柳、椴树)41.5%,玉米芯 15%,松木锯末 20%,麦麸 20%,黄豆粉 2%,生石灰 0.5%,石膏粉 1%。

③玉米芯 60%,锯末 20%,麦麸 18.5%,生石灰 0.5%,石膏粉 1%。目前是鸡西地区栽培食用菌的最好原料之一。

④锯末 58.5%,玉米芯 20%,麦麸 18%,豆饼粉 2%,生

石灰 0.5％,石膏粉 1％。

⑤豆秸 70％,玉米芯或锯末 19％,麦麸 10％,生石灰 0.5％,石膏粉 0.5％。

⑥稻壳 20％,玉米芯 20％,锯末 41.5％,麦麸 15％,豆饼粉 2％,生石灰 0.5％,石膏粉 1％。

⑦新鲜甜菜渣 34％,锯末 54％,麦麸 10％,石膏 1％,生石灰 1％。

⑧玉米芯 50％,锯末 30％,麦麸 17％,豆饼粉 2％,生石灰 1％。

(二)拌 料

拌料的方法有两种。一是采用机械,用拌料机拌料,迅速、均匀、准确;二是手工拌料。具体拌料方法见第五章"栽培袋制作"中的"拌料方式与方法"。

(三)装 袋

当天拌完的料应当天装袋,首先检查塑料袋的质量,装袋成功率、养菌期杂菌率、出耳时袋能否和料紧贴都与塑料袋的质量有关。吊袋栽培黑木耳用的塑料袋需要高温灭菌,要选用高温不变形、不收缩的聚丙烯或聚乙烯黑色塑料袋。装袋目前分机械和手工两种装袋法。机械装袋用装袋机,装袋机便于工厂化生产,每小时可装 300 袋左右,装袋前要检查机械各部位是否正常,零部件是否松动。手工装袋要备好装袋用的小工具,扎眼用的木棍、颈圈,也可自制,用塑料打包带,用剪刀剪成 8 厘米长左右,用烧红的 8 号铁线或钢锯条烙制,口径和酒瓶口大小相似。

要在光滑干净的水泥地面上或垫有橡胶制品、塑料布等物上进行装袋,贮放工具应直接放入灭菌锅的灭菌筐,用细钢筋或木板条制作,规格应是长 45 厘米、宽 35 厘米、高 30 厘米(内径),每筐(或箱)放 12 袋。

装袋时先在袋内装上 1/5 的料,然后用手将已装进料的两个边角窝进去,使两角不外露,底部呈圆柱体,这一点很重要,边角不窝进去,一是袋不呈圆柱形,放时站立不稳。二是不窝进去的边角料根本装不实,经常搬动时易碰动两角,这样两角容易透气,菌丝在两角定植晚,菌丝没占领吃料的地方易被杂菌所侵染,最后造成整个袋的感染。折角的袋则直接装袋,无角可窝,装起来就方便多了。每袋料装至 18～20 厘米处即可,每袋大约 1.5 千克重,袋面光滑无褶,料面平整,料不要装得过少或过多。料过少数量、质量不到位,降低了产量。料过多料面和棉塞之间空间小或紧挨着,袋内氧气少,不利菌丝生长,若棉塞触到料上,接种后菌块上的水分被棉塞吸干,菌种块就会缺水、缺氧,所以很难萌发。

(四)灭　菌

在生产吊袋黑木耳菌袋时,菌袋的高度要比地摆黑木耳菌袋的高度高出 3 厘米,每袋的重量增加 0.4 千克。灭菌时,在正常灭菌的基础上增加 40 分钟。具体方法见第五章"栽培袋制作"中的"灭菌方式与方法"。

六、接　种

灭菌后出锅的菌袋温度降至 25℃～30℃时便可接种,目前接种方法很多,可根据自己的具体情况和条件定。接种是食用菌生产的一个关键环节,要树立无菌观念,使接种设备和环境有机结合,再好的设备在有菌的环境下接种也会长杂菌,除了接种设备好,接种的环境一定要消好毒,要严密,在这样的环境下拔下棉塞接种才不会长杂菌。具体操作见第五章"栽培袋制作"中的"接种方法"。

七、养　菌

养菌是立体栽培黑木耳的基础工作,立体栽培黑木耳生长主要有 3 个阶段:一是菌丝生长阶段;二是菌丝的适应阶段;三是子实体生长阶段。养菌阶段就是菌丝生长阶段,只有菌丝生长得好,才能为立体栽培黑木耳的下一阶段,即菌丝的适应阶段,提供良好的基础,同时做好通风换气工作,促使菌丝快速从生理性生长转入生殖生长,从而为子实体的生长打下基础。养菌分室内和室外养菌。黑木耳是中温型真菌,养菌的目的是为了出耳,室内挂干湿温度表,用以测定室内的温度和相对湿度。培养的前 7~10 天室内如不超温可不用通风,温度在 25℃~28℃,空气相对湿度在 45%~60% 左右,不足往地面洒洁净的清水。菌丝吃料 1/3 后,应及时通风,并使温度不超过 25℃。因袋内菌丝的生长,袋内和室内二氧化碳气体的增加,又因培养基内含有一定量的麦麸或白灰,往往袋内温度比室内温度要高 1℃~2℃,千万别超过 28℃,超过 28℃菌丝就会收缩发软吐黄水,只要温、湿度适宜,空气新鲜,一般说来 40 天左右,大部分菌丝都可长满全袋。

八、吊架的搭建

　　无论选用哪个型号的温室和大棚,都得搭建吊袋架,用三根 14 号铁线为一个吊袋架,一个吊袋架摆几袋就用几个立体托扣,每 35 厘米,吊架一行,每架距离为 25 厘米,前沿头架袋吊放两层(上下落两袋),往后排列每架加一层(加一袋),每五行留 30 厘米的作业道,同时也是通风道。如 8 米宽、50 米长的温室可吊 40 000 袋。

九、扎眼育耳

　　在气温回升至 10℃以上,温度降至 20℃以下时,将养好菌的菌袋按每袋扎 60 个眼,眼不能扎大,以直径 0.5 厘米、深度 0.5～1 厘米,扎好眼的菌袋要及时将其放在吊架上。所吊袋必须在当日内完成,同时加大空气相对湿度达 80％～95％,一周扎眼处耳基即将形成时进行间歇喷水,使空气相对湿度始终保持在 80％～95％,直到小耳形成降低空气相对湿度,进入子实体管理阶段。

十、子实体生长期管理

　　当小耳长到纽扣大小时,将空气相对湿度降至 75％～85％,人为增湿使耳基刺边缘始终呈湿润状态,直到看见密密麻麻的耳基时,再拉大湿差,使空气相对湿度保持在 75％～95％之间,可采用早晚喷水、中午断水,使耳片展开,夜晚呈生长状态,干干湿湿,子实体生长期如出现子实体长得慢,可停水 2～5 天,帘子早晨迟盖会儿,让袋、床面、子实体风干一些,使菌袋有几天的干燥时间,让菌丝有个休养生息的时间。为了供应子实体生长所需营养,菌丝必须向袋内深处生长,吸收和积累养分。经过几天的休养生息,积聚营养,再恢复大湿度,浇水催耳,使耳片充分展开。子实体生长期间时间大约在 7～10 天左右,黑木耳生长所谓的浇水时间也主要就是这 7～10 天。

现在的大湿度、大通风是黑木耳迅速生长的关键,我们现在这种办法,不同于传统的菌种、传统的培养基。菌种本身是抗杂品种,培养基碱性大,没有霉菌易于吸收的单糖类(因没加白糖),帘子已用药水浸泡,菌袋上的棉塞和颈圈又都去掉了,没有适合霉菌生长的营养,又加上外界空气新鲜,所以创造了一个只长木耳,不长杂菌的环境和条件。

十一、停水采耳

黑木耳成熟的标准是耳片充分展开,开始收边、耳基变细、颜色由黑变褐时,即可采摘。要求勤采、细采、采大留小,不使流耳。成熟的耳子留在菌袋上不采,易遭病虫害或流耳。采收时,用小刀靠袋壁削平。采收下的木耳要及时晒干或烘干。烘烤温度不超过 50℃,温度太高,木耳会粘合成块,影响质量,采耳时停水,温室棉被卷起,让阳光直接照射在菌袋和子实体上,待子实体收缩发干时采摘,采摘时一手握住塑料袋,一手捏住子实体根部,把子实体连根拔出来。待子实体朵片充分展开,边缘起褶变薄,耳根收缩,将弹射孢子前采收。

采收后用剪刀剪去带培养基的根部，用水洗净附在子实体上的砂土，摊在晾晒席上干晒。

木耳干后，及时包装贮藏，防止霉变或虫蛀。采收后的菌袋，停止直接喷水 4～5 天，让菌丝积累营养，经过 10 天左右，第二茬耳芽形成，重复上述管理，还可采收两茬。

第七章　段木生产黑木耳栽培技术

一、耳场选择

黑木耳栽培场地,应选背风向阳,空气流通,水源近、排灌方便的地方。场地选好后,要进行清场,不能伐净过高的杂树及灌木、腐朽的树桩、枯枝,但要清出乱石,同时开好排水沟,并撒上石灰进行场地消毒灭病虫。

二、耳木准备

栽培木耳的树种很多,一般以树皮厚度适中、不易剥落、边材发达的阔叶树,以柞木、桦木为最好。耳木直径在 4～10 厘米,树龄在 7～10 年较为适宜。选定树种后,于老叶变黄到新叶初发前砍伐(即冬至至立春),伐后就地干燥 10～15 天,待树木稍干再削梢剃枝,同时把树干和大枝条锯成 1.2～1.5 米长的木段,用"井"字形堆起来放在干燥、通风向阳的地方,上面及四周盖上枝叶或稻草,使其发酵及适度干燥,防止暴晒造成树皮脱落,堆高 1 米左右,让树木组织早日死亡。此后每隔 20～30 天翻堆一次,使段木上下、内外互调位置,促使发酵及干燥均匀,一般堆晒 2 个月,段木六成左右干,两端截面出现裂纹时,即可接种。

三、菌种生产

段木栽培黑木耳是用二级菌种直接接种在木段上出耳。二级菌种的制作技术及方法见第四章。

四、接种方法

就是用人工把培养好的菌种接到经发酵含有适量水分的耳木上,这是人工栽培的关键环节。木耳段生产周期一般为3年,接种好,穴穴可活,木耳菌丝占领段木早,杂菌难侵入,当年可产耳。接种一次,可连续收获3年。

(一)接种时间

一般掌握在气温稳定在 10℃ 左右,鸡西地区可在春季3～4月份进行。为避开春耕播种的农忙季节,也可在1～2月份进行,这时温度虽然较低,可在接种后盖上塑料薄膜,使堆内温度适当提高。若在3～4月份接种,最好选在雨后初晴,空气湿度大,气温较高的时候进行。

(二)接种方法

用打孔器在段木上打出直径 1.2 厘米左右、深 1.2～1.5厘米的接种穴,穴距 10～12 厘米、行距 6～10 厘米,行与行的穴交错成三角形。由于菌丝在段木中生长纵向大于横向,所以穴距要大于行距,菌丝才能均匀地长满耳木。接种密度视段木粗细、硬度、树龄大小、气温高低进行调整,树粗而硬的密些,反之稀些,气温低,密些,气温高,稀些。具体操作在室内或室外荫蔽处进行,勿在阳光下接种,以防菌种晒死,更不能在雨天进行,以免杂菌污染。接种最好采用流水作业,边打穴,边接种,随加封穴孔,当天打的穴当天接完,当天开瓶挖出的菌种,当天用完。接种所用的菌种类型以木屑菌种为最好。木屑菌种接种时,先用镊子将菌种表面的菌膜及耳芽挖去,然后将木屑菌种挖出,不要挖得过碎,尽量成块,轻轻按入穴内,不留空隙,随即封上穴孔,以玉米芯做盖封孔为最好,也可用树皮做盖封孔,用木槌敲紧,再轻轻敲平,使菌种与段木紧密接合。或者涂抹石蜡封孔。石蜡制作方法:取石蜡70%,松香20%,猪油10%,加热熔化均匀,待冷却时用毛刷蘸取涂抹接种处。

五、出耳管理

接种后,把耳木段集中堆放在一起,上堆前,先把地面打扫干净,地面用砖石垫高,把段木按树种、粗细、长短分开,并按"井"字形分层,堆成 1.5 米左右高的小堆,段木间不留空隙,进行上堆发菌。为创造菌丝生长的合适条件,应在堆上盖树枝或盖塑料薄膜,以保温防雨淋。在鸡西地区,接种时室外温度较低,耳木感染杂菌几率很少,待室外温度升至 22℃～28℃时,空气相对湿度在 80%左右,还要保持一定的新鲜空气。如果在 2～3 月份接种,切记不要翻堆,要待室外温度达到 15℃时,保持一周后再翻堆。若在 4～5 月份接种,1 周后可翻堆 1 次,即把每堆段木上下、内外调换位置,重新堆叠,使发菌均匀,以后每隔 15～20 天翻堆一次。第一次翻堆一般无须补充水分,但随着气温升高,段木内水分蒸发较多,第二、三次翻堆时,根据段木的干湿程度,可喷雾状水,调节段木湿度,喷水后,待树皮稍干再行覆盖,以防染菌滋生。翻堆时还要检查菌中的成活率和杂菌污染情况,如发现菌种干燥松散或菌种上出现黄、绿、红、黑等颜色,说明菌已死亡或被杂菌污染,要重新补种。管理过程中,如发现堆温过高,应将薄膜四周掀开或全部取去,以通风降温,经3~4次翻堆后,菌丝已向木质部发展,在耳木中定植,并有少量耳基发生时,即可散堆排场,促使菌丝在耳木中迅速蔓延,并从营养生长进入生殖生长。这样,便于耳木接受地上潮气,促进耳芽生长,但又不使耳木全部贴地,造成过湿。每隔1周把耳木翻动一下,原来靠地面的一侧翻到上面。约1个月左右,菌丝在耳木中充分发育,并出现大量耳基,即可架木出耳(即把耳木用人字形架放,便于出耳)。起架后的管理关键是水分,要创造干干湿湿的外界条件。头两天在早晚要浇足水,以后看天气和耳片开展情况适当浇水,原则是气温高,水分蒸发快,场地及耳木干燥喷水多些,反之少些;晴天多喷,阴天少喷,雨天不喷,喷时早晚进行,中午前后不喷,用手摸耳片,有湿润感觉即可。空气相对湿度一般保持在85%~95%,约5~7天,子实体长大成熟。

六、采收晾晒

子实体长大后,要勤收细拣,确保丰产丰收。春耳和秋耳要拣大留小,让小耳长大后再拣,伏耳要大小一齐拣,因为伏天温度高,虫害多,细菌繁殖快,会使成熟的耳被虫吃掉和烂掉。拣耳时间,最好在雨后天晴耳收边时,或早晨趁露水没干耳潮软时采收。耳采回时应放在晒席或铺有塑料窗纱的木筐内上摊薄,趁烈日一次晒干,晒时不宜多翻,以免造成拳耳。如遇连阴雨天,首先应采取抢收抢采的办法,把采回的湿耳平摊到干茅草或干木耳上,让干茅草或干木耳吸去一部分水分,天晴后再搬出去一同晒干。或用炭火烘干,烘时通风要好,勿使温度过高(不超过 40℃),防止烘焦烘熟或自溶腐烂。如果抢收不过来时,可用塑料薄膜把耳架罩住,不要使已长成的木耳再继续淋雨吃水,造成烂耳减产。

一般每 8~10 千克鲜耳可得干耳 1 千克,干燥的木耳可装入无毒薄膜内,密封后置木箱内贮藏于干燥通风的室内,并注意防虫害;最好将干燥的木耳装入麻袋中,并吊在常温、通风良好的空房中储存。

黑木耳是一年种,三年收。一般为头年初收,翌年丰收,第三年减收。每年 10 月份后气温下降,菌丝休眠,停止出耳,此时即进入越冬管理。仍按"井"字形堆叠在清洁干燥处。如久旱无雨,耳木过干,可每隔半月喷些水,增加湿度。质地坚硬的耳木也可排场越冬,即在地面先放一枕木,然后将耳木一根根横放上面,一头搭地,一头架空。至翌年 3~4 月份气温回升,耳基发生后,再行散堆起架管理采收。

三年后,耳木生长会变得朵小、片薄,可用 1‰红糖溶液,在出耳及耳片开展时各喷洒 1 次,可增产 17%左右。

第八章　黑木耳生产病虫害及其防治

在黑木耳生产中,防治病虫害一定要贯彻预防为主、防重于治和综合防治的方针。黑木耳生产中,首先要有无菌观念,同时要选用优良的高抗性菌种,进行科学管理,防患于未然,一旦发生危害,要及时采取妥当方法。一般采用生物防治及化学防治等综合措施。在确实需要化学药剂防治时,也应在未播种、未出耳采收结束时进行,并注意少量、局部使用,防止污染扩大而影响黑木耳的菌丝和子实体生长,从而影响黑木耳的品质。

一、青　霉

(一)发病特征及原因

青霉菌是黑木耳制种和栽培过程中常见的杂菌之一,在一定条件下能引起黑木耳、金针菇、平菇、香菇、猴头等食用菌子实体致病。培养基在28℃～32℃高温、高湿条件下产生大量的碳水化合物,极易发生青霉菌。制种过程中,如发生严重可致菌种腐败报废;发菌期发生较重,可致局部料面不出菇。

危害食用菌的青霉又名绿霉,青霉大批生长时菌落呈蓝绿色。该病菌分布广泛,多腐生或弱寄生,多存在于有机物上,能产生大量分生孢子,主要通过气流传入培养料,进行初次侵染。带菌的原辅料也是生料栽培的重要初侵染来源,侵染后产生的分生孢子借气流、昆虫、人工喷水和管理操作等进行再侵染。高温容易发病,分生孢子1~2天即能萌发形成白色菌丝,并迅速产生分生孢子。多数青霉菌喜酸性环境,培养料及覆土呈酸性较易发病。如果青霉菌丝覆盖料面后隔绝了空气,它分泌的毒素能杀死食用菌菌丝。青霉栽培和制种中出现的青霉多为塑料袋透气,棉塞潮湿,接种时消毒不彻底和接种时环境不卫生或接种室封闭不严密所致。

(二)防治方法

首先要认真做好接种室、培养室及生产场所的消毒灭菌工作,保持环境清洁卫生,加强通风换气,防止病害蔓延。

调节好培养料的pH。栽培黑木耳的培养料可选用1%~2%的石灰水将培养料调节至微碱性。采耳后喷洒澄清石灰水,刺激黑木耳菌丝生长,抑制青霉菌发生。

菌袋杂菌感染严重的扔掉并深埋或焚烧,菌袋局部感染可注射18%甲醛溶液、或用多菌灵(1∶500)用注射器注入菌袋感染的部分,并用胶带粘好,菇床上发病可用1%克霉灵、0.5%多菌灵溶液喷洒防治。

二、曲　霉

(一)发病特征及原因

曲霉种类繁多,常见的有白曲霉、黄曲霉、黑曲霉、红曲霉等。曲霉菌丝有隔、无色、浅色或表面凝集有色物质,分生孢子梗直立生长,不分枝,梗顶端膨大成球形或棍棒形的顶囊,其表面生满辐射状小梗,在小梗顶端串生分生孢子。分生孢子为单胞,球形、卵圆形或椭圆形,孢子呈黄、绿、褐、黑等各种颜色,菌落颜色因不同种而各异,分生孢子随空气气流飘浮扩散。曲霉菌丝短而粗。黄曲霉生长最适温度为 25℃～30℃、空气相对湿度为 80% 左右;黑曲霉适宜温度为 20℃～30℃、空气相对湿度 85% 以上;灰绿曲霉耐干性较强,温度 20℃～35℃、空气相对湿度 65%～80%。曲霉往往是在黑木耳培养基氮源偏大(糠麸比例大),培养料水分过少以及通风不良等环境条件下发生。

(二)防治方法

首先要搞好环境卫生,保持培养室周围及栽培地清洁,及时处理废料。接种室、菇房要按规定清洁消毒;制种时操作人员必须保证灭菌彻底,袋装菌种在搬运等过程中要轻拿轻放,严防塑料袋破裂;经常检查,发现菌种受污染应及时剔除,决不播种带病菌种。

如果在黑木耳培养料上发生曲霉,可用如下方法防治:

①及时通风干燥,控制室温在 20℃～22℃,待杂菌抑制后再恢复常规管理;②在规定范围基础上提高 0.5 个 pH,在拌料时加 1%～3% 的生石灰或喷 2% 的石灰水可抑制杂菌生长。药剂拌料,用干料重量 0.1% 的甲基托布津拌料,防治效果更好。

此外,一定掌握好配方的碳氮比,防治氮源过大,同时掌握培养基的含水量不能低于 55%,菌种瓶装料时不能过满,以免棉塞沾料,瓶装完毕后洗净瓶口,保持棉塞清洁。

三、链孢霉

（一）发病特征及原因

链孢霉菌丝在 5℃～35℃ 范围内都能生长，在培养基质上繁殖很快，在高温条件下 24 小时就能形成黄色或粉红色分生孢子团，菌丝体疏松，分生孢子卵圆形，红色或橙红色。在培养料表面形成橙红色或粉红色的霉层，特别是在无棉盖、棉塞受潮或塑料袋有破洞时，橙红色的霉，呈团状或球状长在棉塞外面或塑料袋外，稍受震动，便散发到空气中，靠气流传播，传播力极强，繁殖极快，对食用菌的危害最大，是食用菌生产中易感染、危害较大的杂菌之一。

（二）防治方法

在黑木耳生产的各个环节上，要注意杜绝病原菌侵染的途径，如搞好接菌室、培养室及周围的环境卫生。选用新鲜、干燥、无霉变的原料，禁止在食用菌的栽培场地丢弃嫩玉米芯。

做好菇房的清理消毒工作，将废料及时处理后，对培养室地面、墙壁、培养架等用 100 倍多菌灵液喷洒处理，或密闭菇房用硫磺熏蒸处理。

黑木耳菌种生产要避开闷热、潮湿的夏季高温期；培养料灭菌时必须保证灭菌彻底，避免棉塞受潮，搬运菌袋过程中不要损伤菌袋。

定期检查菌袋，发现链孢霉后，立即用多菌灵 1：100 的比例对污染的菌袋进行喷洒、注射、涂抹,严重感染的菌袋,立即用塑料袋套上进行烧毁处理,千万不能随地丢弃,以免造成再感染。

四、毛霉和根霉

(一)发病特征及原因

在黑木耳生产中,毛霉和根霉这两种菌的菌丝形状相似。毛霉是好湿性真菌,毛霉的菌丝白色如绒布。根霉的菌丝灰白色如针状,都长有黑色颗粒状的孢子囊,如果用手一摸,可把手染成黑灰色。毛霉和根霉产生的主要原因是灭菌不彻底,空气湿度过大,培养料含水过多等。毛霉的菌丝一开始呈纤细洁白,后期产生黑色孢子,生长迅速,一般24小时就占领主要料面。

(二)防治方法

上述所讲的毛霉和根霉这两种菌都是在潮湿和空气流通不良的环境中生长蔓延较快,主要是灭菌不彻底。防治方法可在正常灭菌时间的基础上,延长40分钟即可达到较好的灭菌效果。另外只要食用菌菌丝长得健壮、加大通风,降低湿度,即使有少量的毛霉和根霉产生,食用菌的菌丝也会将其吃掉,毛霉和根霉就自行消失了。

五、木 霉

(一)发病特征及原因

木霉的菌丝成熟期很短,往往在一周内即可达到生理成熟,木霉菌丝体初期白色,逐渐变成浅绿色,最后变为深绿色。然后生出绿色霉层,即孢子层。当培养基被侵染后,木霉菌丝生长阶段不易察觉,直到出现霉层时才能看见,起初只是点状或斑块状,当条件合适或黑木耳菌丝生长缓慢时,很快发展为片状,直至污染整个菌袋或培养基上,若不及时采取措施,菇棚内一夜即可成一片绿色,其孢子飞扬,周边棚墙上也将附着大量木霉孢子,在环境潮湿、空气混浊、通风不良、温度偏高时易产生木霉,木霉菌丝分解木质素能力很强,它还能分泌出地毒素毒杀食用菌菌丝,给以后的生产留下严重隐患。

(二)防治方法

防治各种霉菌的感染,首先要从思想上重视,搞好环境卫生,无论是在制种、栽培时,严格执行操作规程,环环把好灭菌关,对所有工具和接种室、接种箱、培养室、出菇经常保持清洁和灭菌,操作人员在操作前先要进行人身消毒而后再进行操作,绝不能有丝毫疏忽大意。

科学调配培养基配料的碳氮比和 pH,使营养全面、均衡,在灭菌后菌袋温度降至 25℃～30℃时进行接菌,这样 24小时菌种就能萌发定植,以保证食用菌菌丝生长既快又健康并有抗性,不给霉菌侵入的机会,形成拮抗或抑制。

接种操作要严格、规范,接菌工具必须用酒精灯火焰过一下,接菌操作一定要在无菌台式酒精灯工作台上进行。

在菌种生产、养菌及出菇期间,每周对接菌室、养菌窒空间和墙壁喷洒多菌灵等药物消毒,即坚持预防为主的原则。

发现木霉后,及时用 1∶500 倍疣霉净喷洒、注射或涂抹污染区和菌袋,污染严重的菌袋要及时做焚烧或深埋处理。

六、根 腐 病

(一)发病特征及原因

根腐病也是黑木耳生产时温度比较高时最容易发生的细菌病。一般在温度 18℃ 以上时发生。侵染初期,在培养基表面渗出白色混浊的液滴,这种液滴多时会积满整个瓶口或袋口。最初是麦芽糖色或呈半透明,后菌盖变成黑褐色,最后,黑木耳菌丝不但停止生长,而且长出的子实体也会干枯而死。

(二)防治方法

培养基水分过多是发生根腐病的主要诱因。得了根腐病的黑木耳菌袋,长出的子实体会干枯而死。如果发生根腐病,该瓶、袋要立刻弃除或烧掉,以免感染其他袋。而且培养基的水分一定要控制在 55%～60% 之间,同时要定时通风换气,保持菇房空气新鲜。

七、细菌斑点病

(一)发病特征及原因

细菌斑点病是一种由荧光假单胞大肠杆菌引起的细菌病,病症局限于菌盖上。在菌盖上产生黑褐色斑点,当凹陷的斑点干枯后,有时菌盖开裂,还会形成畸形的子实体,菌杆上偶尔也发生,但菌褶很少受到感染。这种细菌斑点病也是在高温高湿条件下发生的一种病害。

(二)防治方法

在黑木耳生产过程中,潮湿不透气,菌丝纤弱,也极易产生斑点病。子实体表面的水分,与发病有很大的关系。因此,在栽培过程中,要注意控制水分,相对湿度不可过大。天冷时,不能用冷水直接喷在子实体上,这样也容易产生此病。也可以在水中加入漂白粉、土霉素或氯气来杀死病原菌。

八、放 线 菌

(一)发病特征及原因

放线菌是一类丝状的单细胞原核生物。主要是在黑木耳制种及菌袋栽培过程中发生危害。该菌侵入培养基后,不会造成大批污染,只在个别培养基上出现白色或近白色的粉状斑点,常被误认为是石膏的粉斑。发生的白色菌丝,也很容易与食用菌的菌丝相混淆。其区别是污染部位有时会出现溶菌现象,有的会形成干燥发亮的膜状组织,都具有奇特的腥臭味。

(二)防治方法

在黑木耳生产前,要对所有车间和设备进行严格的消毒处理。消毒药品可用多菌灵、硫磺进行全方位的喷洒、熏蒸消毒。

在生产过程中无论是常压灭菌还是高压灭菌时,一定要在 40 分钟内使温度上升至 100℃,在该温度下,常压灭菌保持 4 小时,高压灭菌保持 2 小时。

接种时要认真做好消毒灭菌工作,严格执行无菌操作,接菌时菌袋温度最好在 20℃～30℃之间,养菌室温度要以 18℃～23℃为宜。要以最快的时间让菌种吃料定植,不让杂菌有可乘之机。

九、伪步行虫

(一)形态特点

伪步行虫其成虫俗名黑壳子虫、鱼儿虫,体黑色,有的具有红斑,有的有光泽,长约 1 厘米,椭圆形,寿命长。幼虫俗名鱼儿虫。排粪量大,粪便黑褐色,呈毡毛状。成虫啃食子实体外表,幼虫危害培养基,也能钻进培养基内,被害的培养基不结子实体。

（二）防治方法

在生产过程中用普伐 500～800 倍液喷雾对原料灭虫；也可以用阿维菌素杀虫剂 1 000～1 500 倍液喷雾；或对料面或子实体用巧圣 1 000～1 500 倍液喷雾灭虫。

十、蛀 枝 虫

（一）形态特点

蛀枝虫成虫体长 7.2～10.4 毫米，后翅有不规则的黑斑，幼虫的头部为浅红色和深黄色，前胸背板黑色，中、后胸背浅黄色，腹部各节白色，上有黄色毛，排列不整齐。它可以从接种穴钻入，侵入到子实体的形成层取食菌丝，幼虫排粪量特别多，呈灰白色或浅黄色，颗粒状聚集在一块，幼虫的粪便侵蚀食用菌菌丝，严重影响食用菌的产量。

（二）防治方法

在生产前对生产场地、原料和工具用巧圣 250 倍液喷雾或普伐 1 000～1 500 倍液喷雾处理，在成虫盛期可用 500 倍液地面喷雾，驱赶成虫。

十一、四斑丽甲虫

(一)形态特点

四斑丽甲虫俗称花壳子虫。成虫后翅上有四个黄色斑点。幼虫为黑褐色,体扁,边生 12 对肉刺(4 对黄色,8 对褐色),肉刺上遍生细毛,形如蓑衣。成虫多在子实体下方活动,有时也钻入形成层;幼虫啃食培养基上的菌丝和子实体。触及成虫或幼虫,它们会射出白色的臭浆。

(二)防治方法

首先必须搞好生产前的环境卫生,再用鱼藤精 500～800 倍液喷雾或巧圣 300～500 倍液喷洒地面驱赶成虫。

十二、蓟　马

(一)形态特点

蓟马成虫黑色,体小,细长而略扁,复眼突出,前后翅均为狭长形,膜质,边缘着生长毛,若虫橘红色。一般 5 月中、下旬,成虫、若虫大量繁殖,开始危害,湿度大的地方较多,集体性强,有的培养基上可以群集千头以上,主要危害子实体,吸取汁液,被害子实体不久即萎缩,严重时子实体停止生长。

（二）防治方法

用敌敌畏 300～500 倍液进行喷雾。但必须注意，一旦有菇蕾发生时，就要停止使用。螨类的形体小，白色或黄白色、透明，光滑的体表有很多刚毛。有时在金针菇母种瓶里也可以发现该虫，以金针菇的粉孢子为食。气温高时，栽培瓶里经常发现，气温低时发生较少，这时可用阿维菌素杀虫剂1 500～3 000 倍液喷雾防治。

十三、双线嗜黏液蛞蝓

（一）形态特点

双线嗜黏液蛞蝓俗称鼻涕虫。属于软体动物，身体裸露，无外壳。有触角两对，在体背前端 1/3 处有椭圆形外套膜，其前半部游离，膜内有一薄而透明的石灰质盾板，生殖孔在右侧前触角基部稍后 3～4 毫米处，尾部有短的尾脊。该虫危害子实体，能将子实体咬噬至穿孔。凡是蛞蝓经过的地方，均能见到其分泌的黏液，黏液干后呈银白色。它常生活在阴暗潮湿的地方，畏光怕热，白天躲在砖、石块下及土壤缝隙里，黄昏后陆续外出活动觅食，天亮前又躲藏到阴处，阴雨天也可见其出来活动危害子实体。

（二）防治方法

用五氯酚钠 300～500 倍液喷洒地面；用 5％食盐溶液喷洒地面和墙壁；在蛞蝓经常活动的地方撒生石灰或白碱，沾上生石灰或白碱的蛞蝓即死；如果害虫较少，也可人工捕杀。

十四、螨　虫

(一)形态特点

螨虫有蒲螨和粉螨，这两种螨繁殖很快，主要危害培养基表面和菌丝，影响子实体正常生长，或造成子实体畸形。体小，白色或灰白色，透明。触肢须 3 节，末节的尖端有一小的棒状刷。前体段与后体段之间有一缢缝，被有很长的毛。足的基节与身体腹面愈合，仅 5 节，1、2 对足的跗节各具一棒状感觉毛，跗节末端有爪及爪垫。培养基内的菌丝以及子实体原基被其为害后，不再形成子实体。成熟的子实体由于螨的危害而脱落或烂掉。螨类主要通过茹蚊、菇蝇、工具、原料带入。

(二)防治方法

清洁卫生是防止螨虫害的重要环节和根本措施，目的是消灭虫源，铲除虫害滋生地，彻底消除出菇场地垃圾，粪肥及上年废弃的培养料，尤其是虫菇、烂菇，菇根不要堆积在菇房内外任虫发生，要及时销毁或深埋。防止成虫羽化。

在生产前或菌袋开袋前，用 50% 敌敌畏熏蒸，菇房或培养室，用量 0.5 毫升/米^3，出耳场地四周用 80% 巧圣 1：800 倍液喷施。做好黑木耳房与外界的隔离，防止成虫进入黑木耳房。

出菇期防治要考虑药剂对菇体的影响，一般都采用 25%

菊乐合酯 2 000 倍液喷施,或利用眼菌蚊的趋光性,采用灯光诱杀。

如果发现有螨虫的菌种马上移除,并进行高温药物处理,发生螨虫的菌种不能继续用作繁殖的栽培种。对发生过螨虫的菌种培养室要用敌敌畏 300～500 倍液进行熏杀;菌种放置前用阿维菌素杀虫剂或聚酯类杀虫剂喷洒菇床菇棚。当菇棚内温度低于 25℃时,改用 20%的三氯杀螨砜可湿性粉剂 0.25 千克、加 25%菊乐合酯 0.25 千克,再对水 250 升喷雾即可。轻微螨害的栽培种在使用前 1～2 天可用蘸有少许 50%敌敌畏的棉花球塞入种瓶内以熏杀螨虫;螨虫较重的菌种应在报废的同时再用杀螨剂进行喷杀。

十五、线　虫

(一)形态特点

线虫是一种无色很小的线状肉虫,体长 1 毫米左右,繁殖很快。线虫主要通过人、工具、昆虫和浇水时带入。线虫主要蛀食食用菌子实体,并带进细菌造成烂菇烂耳,还可致使小菇蕾萎缩和死亡。

(二)防治方法

线虫白天潜伏在阴暗潮湿处,夜间出来咬食菌伞、菌褶,有时还藏在菌褶中蛀食。发现虫害后,可用 1%菜饼液或用 5%食盐液喷洒;也可在线虫经常活动的地方撒生石灰或白碱。也可人工捕杀。或用 1%生石灰与 1%食盐水浸泡菌袋

12 小时即可将线虫杀灭。

十六、菇蝇、菇蚊

(一)形态特点

菇蝇的幼虫是一种白色的蛆,菇蚊的幼虫是白色孑孓,两种幼虫都是头部尖、尾部钝,幼虫大量发生时,可直接咬食黑木耳菌丝和子实体。菇蝇的发生主要是因为环境差、地面不卫生、通风不良造成的,或由外界昆虫带入的。

(二)防治方法

在坚持"以防为主"方针的前提下,做好以下几项工作。

制袋过程中,首先要选好种源,选用无生理病害的纯菌种种源。

制种环境要进行严格消毒、灭菌杀虫,防止交叉感染和菌蝇的发生,一旦发生感染,及时捡出感染菌袋。

栽培过程中,首先要排除附近的污染源,发现菇蝇、菇蚊,可采用诱杀,主要采用敌敌畏药液拌蜂蜜或糖醋麦皮进行诱杀,或用 0.1% 的鱼藤精在每批子实体采收后喷洒培养基进行防治;也可用 1% 的敌敌畏和阿维菌素杀虫剂喷洒地面和墙根驱杀菇蝇、菇蚊,切不可施用农药造成农药残留。

附录一

表一　农作物秸秆营养成分含量(％)

名　称	水分	粗蛋白质	粗脂肪	粗纤维	可溶性碳水化合物	粗灰分
杂锯末	23.35	0.39	4.50	42.70	28.60	0.56
玉米芯	3.21	11.00	.060	31.80	51.80	1.30
稻　草	13.09	4.10	1.30	28.90	36.90	15.30
玉米秸	10.90	3.50	.080	33.40	42.70	8.40
大豆秸	11.73	13.80	2.40	28.70	34.00	7.60
谷　糠	13.40	7.20	2.80	23.70	40.60	12.30

　　说明:秸秆所含的氮源、灰分和可溶性碳水化合物,高于杂锯末;秸秆所含木质纤维素低于杂锯末。用纯秸秆栽培香菇,营养生长旺盛,但菇多菇少,收1～2批菇后,菌包、菌棒易收缩,显得后劲不足。就是说在配制培养基时,秸秆只能做辅料,不能做主料

表二　木材、稻草的纤维素、木质素、半纤维素含量(％)

材　别	纤维素	木质素	半纤维素
硬木材类	40～55	18～25	24～40
软木材类	45～50	25～35	25～35
稻　草	32	17	—

表三　几种常用辅料添加量

名称	数量 %	说明
麸皮	20	维生素 B_1 含量 7.9ppm，含 16 种氨基酸，其中谷氨酸占 40 %
米糠	20	由果皮、种皮、外胚乳和糊粉层组成
蔗糖	1.0～2.5	碳源的补充成分（速效碳源）
尿素	0.1～0.2	氮源的补充成分
过磷酸钙	1	提供磷源
石膏	1	提供钙、硫源
硫酸镁	0.03～0.05	提供镁、硫源

附录二

中华人民共和国国家黑木耳标准

1. 范围

本标准适用于黑木耳[Auricularia auricula(Hook)Un—derw]干制品。

2. 说明

黑木耳[Auricularia auricula(Hook)Undrw]是属于担子菌纲,有隔担子菌亚纲木耳目的胶质真菌。主要是栽培在栓皮栎[Quercus raiailis]、麻栎[Quercus acutissima]、柞栎[Quercus dentata]等壳斗科树木的段木上,干时黑色,革质。

2.1 段木:是树木砍倒后,截断成一定长度的木棒,这里专指用来栽培黑木耳的长80~120厘米、直径8~12厘米的阔叶树木棒。

2.2 色泽:指黑木耳经干制后的自然颜色与光泽,由于黑木耳生长环境不同,采收季节不同,加工后略有深浅之别。

2.3 拳耳:主要指在阴雨多湿季节,因晾晒不及时,在翻晒时,互相粘裹而形成的拳头状耳。

2.4 流耳:主要指在高温、高湿的条件下,采收不及时而形成的色泽较浅的薄片状耳。

2.5 流失耳:高温、高湿导致木耳胶质溢出、肉质破坏、失去商品价值的木耳。

2.6 虫蛀耳:被害虫蛀食而形成残缺不全的木耳。

2.7 霉烂耳:主要是干制木耳因保管不善被潮气侵蚀形成结块发霉变质的木耳。

2.8 干湿比:指木耳与浸泡吸水并滤去水后的湿木耳重量之比。

2.9 杂质:主要指黑木耳在生长中和采收晾晒过程中附着的沙土、小石粒、树皮、树叶等。

3.质量标准

3.1 感官指标

指标名称　　　　等级	一级	二级	三级
耳片色泽	耳面黑褐色，有光亮感，背暗灰色	耳背黑褐色，背暗灰色	多为黑褐色至浅棕色
拳耳	不允许	不允许	不超过 1%
流耳	不允许	不允许	不超过 0.5%
流失耳 虫蛀耳 霉烂耳	不允许		

3.2 物理指标

指标名称　　　　等级	一级	二级	三级
朵片大小	朵片完整，不能通过直径 2 厘米的筛眼	朵片基本完整，不能通过直径 1 厘米的筛眼	朵小或呈碎片，不能通过直径 0.4 厘米的筛眼
含水量	不超过 14%	不超过 14%	不超过 14%
干湿比	1：15 以上	1：14 以上	1：12 以上
耳片厚度	1 毫米以上	0.7 毫米以上	
杂质	不超过 0.3%	不超过 0.5%	不超过 1%

3.3 化学指标

指标名称 \ 等级	一级	二级	三级
粗蛋白质	不低于 7.00％		
总糖（以转化糖计）	不低于 22.00％		
粗型纤维	3.00％～6.00％		
灰分	3.00％～6.00％		
脂肪	不低于 0.40％		

3.4 卫生指标

按 GB 2707—63—81《食品卫生标准》一系列食品卫生的国家标准规定执行。对产品的检疫，按照国家植物检疫有关规定执行。

4.检验方法

4.1 感官检验

4.1.1 眼看：观察朵片大小，完整程度，看色泽深浅，光亮情况。注意流耳、拳耳是否符合等级要求，看有无霉烂耳、虫蛀耳、流失耳。

4.1.2 鼻闻、嘴尝：不允许有异味。

4.1.3 手握耳听：握之声脆，扎手，具有弹性，耳片不碎为含水量适当；握之咯吱声响，扎手易碎，为干燥过度；握之无声，不扎手，手感柔软为含水量过多。

4.2 物理检验

4.2.1 朵片大小：将被检木耳分别用三种不同网孔直径的网筛，看是否符合等级规定，并算出不符合等级的比例。

4.2.2 含水量测定

4.2.2.1 烘干减重法

在感量为 0.01～0.001 克的天平上称取黑木耳试样 5 克，置于已知恒重的金属样品盒中,放入 100℃～150℃ 烘箱内烘 2 小时,取出后放在干燥冷却至室温、称重。再烘干半小时,复称重,直至恒重。

计算:水分 $\% = \dfrac{G}{W} \times 100\%$

式中:G 为样品干燥后失重(克)

W 为样品干燥前重(克)

4.2.2.2 水分快速测量仪测定法

称样 10 克,置于水分测量仪测重盒中,调好仪表,校正指针能从最大回到零位,上好手柄,打开测量开关,用手压柄,视指针偏转指数即为水分百分含量。

4.2.3 干湿比:精确称样 10 克,按下式求得干重。

计算:干重 $= W + W(S_1 - S_2)$

式中:W 为称取样重(克)

S_1 为标准含水量 14%

S_2 为实际含水量百分数

将求得干重的样耳放入水中在 18℃～20℃ 室内浸泡 10 小时,取出后用漏水容器滤尽滴水,称重为湿重。

4.2.4 耳片厚度:检验干湿比称湿重后的木耳,用卡尺测量耳片中间厚度,即为耳片厚度。

4.2.5 杂质:称取试样 500 克,用直径 0.4 厘米的筛网筛落灰土等杂物,检出筛上杂物,一并收集称重。

计算:杂质 $\% = \dfrac{M}{W} \times 100\%$

式中:M 为杂质样重(克)

W 为试样重(克)

4.3 化学检验(略)

5.检验规则

5.1 同等级、同时交售、调运、销售的黑木耳作为一个试验批次,报验单中填写的项目应与货物相符,凡货、单不符,等级混淆,包装破损者,由交货单位整理后再进行检验。

5.2 抽样

5.2.1抽样数量:抽样件数由下式求得:

$$S=\frac{\sqrt{N}}{2}$$

式中:N 为被检黑木耳批次的件数

S 为抽样的件数

如果在检验中发生争议,重新检验,以两次检验结果的平均数来确定。

5.3 产地分散交售的黑木耳,可以在收购时按交售量随机取样,按规定的等级规格分级验收。

5.4 黑木耳的检验以感官检验为主,物理、化学、卫生指标为对照分析黑木耳的内在质量。但物理指标中的朵片大小、含水量和杂质,应作为收购、调运中的一个重要质量内容。

5.5 等级检验:把用四分法取出的样耳,用感官检验和物理检验按标准规定评级。

5.5.1 朵片大小、耳片色泽、厚度、杂质含量不符合该等级单项或几项累计超过 10%的降一级,超过 30%的降二级。

5.5.2 水分超过本标准规定的,在 18%以下的按超过比例扣除重量,在 18%以上的,应干燥到规定含水量,才能验收。

5.6 经检验不合货标等级质量的黑木耳,可按实际品质定级验收。如交售单位不同意变更等级时,可由交售单位加工整理后再进行抽样检验,以重验的结果为准。

6.包装、运输、贮存

6.1 包装要求:黑木耳用白色棉布袋外套国标麻袋包装。盛装黑木耳的包装袋,必须编织紧密、洁净、干燥,无破洞、无异味、无毒性。凡装过农药、化肥、化学制品和其他有毒物质的包装袋,不能用于包装黑木耳。

包装袋外应缝上布标,内放标签,标明品名、重量(毛重、净重),写上产地,封装验收人员姓名或代号,并印有防潮标记。

注:出口黑木耳如合同另有规定的,照合同条款加工包装。

6.2 运输:黑木耳在运输过程中要注意防曝晒,防潮湿,防雨淋。用敞篷车船运载黑木耳要加盖防雨布。严禁与有毒物品混装,严禁用含残毒、有污染的运输工具运载黑木耳。

6.3 贮存:贮存黑木耳的库房,库内地面要具备防潮设施,防止底部受潮,黑木耳的装卸和堆垛时不得踩踏包件或在耳包上坐卧。严禁与有毒有害、有异味和易于传播虫害的物品混合存放。入库后要防止害虫、鼠类危害。

注：本决定自 1986 年 8 月 1 日在全国实施。本决定经国家标准局批准，商业部公布。

参考文献

［1］邓淑群.中国的真菌.北京:科学出版社,1963.

［2］中国科学院微生物研究所.毒蘑菇.北京:科学出版社,1975.

［3］杨庆尧.食用菌生物学基础.上海:上海科学技术出版社,1981.

［4］刘波.中国药用真菌.太原:山西人民出版社,1974.

［5］姜坤.北方五大食用菌最新栽培技术.北京:金盾出版社,2012.

［6］王雅珍.生物科学.长春:吉林大学出版社,2009.